计及新能源的电力现货市场交易优化管理

王珂珂　牛东晓　许晓敏　著

中国电力出版社
CHINA ELECTRIC POWER PRESS

图书在版编目（CIP）数据

计及新能源的电力现货市场交易优化管理 / 王珂珂，牛东晓，许晓敏著 . — 北京 : 中国电力出版社，2022.8（2024.3重印）

ISBN 978-7-5198-6611-2

Ⅰ . ①计… Ⅱ . ①王… ②牛… ③许… Ⅲ . ①新能源－影响－电力市场－研究－中国 Ⅳ . ① F426.61

中国版本图书馆 CIP 数据核字 (2022) 第 045451 号

出版发行：中国电力出版社
地　　址：北京市东城区北京站西街 19 号（邮政编码 100005）
网　　址：http://www.cepp.sgcc.com.cn
责任编辑：石　雪　曲　艺
责任校对：黄　蓓　马　宁
装帧设计：永诚天地
责任印制：钱兴根

印　　刷：三河市航远印刷有限公司
版　　次：2022 年 8 月第一版
印　　次：2024 年 3 月北京第二次印刷
开　　本：710 毫米 ×1000 毫米　16 开本
印　　张：11.25
字　　数：174 千字
定　　价：69.00 元

版权专有　侵权必究

本书如有印装质量问题，我社营销中心负责退换

前　言

能源是社会进步和人类生存的物质基础，随着能源资源约束日益加剧，绿色低碳发展成为我国经济社会发展的重大战略和生态文明建设的重要途径，亟须加快建设以可再生能源为主导的清洁低碳、安全高效的能源体系，实现"碳达峰、碳中和"目标。电力工业在现代能源体系中处于核心地位，在减少温室气体排放方面发挥着重要作用，应加大力度发展以风电、太阳能发电为代表的绿色电力。但由于我国风能、光能富集区与需求区逆向分布，市场在优化资源配置中的作用发挥不够充分，亟须完善新能源参与的电力现货市场交易机制，构建高比例新能源渗透的电力现货市场交易决策支持方法，以实现资源有效配置，促进新能源消纳。

本书从新能源对电力现货市场的影响分析，电力现货市场中新能源发电功率预测与电价预测，计及新能源与中长期市场影响的现货日前市场交易优化、计及新能源的现货日前与日内、日内与实时市场交易优化，计及碳市场影响的电力现货市场建设路径分析，计及新能源的电力现货市场交易优化管理建议等多个方面展开研究，以期为计及新能源的电力现货市场建设提供借鉴参考。

在本书的撰写过程中，华北电力大学张兴平教授、闫庆友教授、赵会茹教授、刘达教授、王永利副教授，以及北京理工大学的张强教授、清华大学杨德林教授、北京工业大学嵇灵教授提供了指导与帮助。研究生杨晓龙、孙丽洁、余敏、彭莎、吴静等在调研搜集资料、案例数据分析等方面做了很多工作，在此一并表示衷心的感谢。

本书受到国家自然科学基金"促进大规模新能源消纳的电力市场管理研究"、教育部哲学社会科学研究重大课题攻关项目"构建清洁低碳、安全高

1

效的能源体系政策与机制研究"资助，并受到中国绿色电力发展研究学科创新引智基地及新能源电力与低碳发展研究北京市重点实验室等支持，在此表示衷心感谢。

由于作者水平及经验有限，书中难免还有疏漏之处，恳请读者批评指正。

作　者
2022 年 4 月

目 录

前言

第1章

概述

　　为促进我国电力现货市场的建设与发展，支持现货市场交易的开展，本章首先明确开展计及新能源的电力现货市场交易研究的意义，并对国外运行成熟的典型电力现货市场与我国电力现货市场建设现状进行了较为详细的介绍和阐述。而后分别介绍电力预测理论、系统优化理论以及系统动力学模型，为后文对电力现货市场交易的进一步研究奠定了理论基础。

1.1 研究背景及意义

1.1.1 研究背景

随着能源资源约束日益加剧，能源粗放式利用与生态文明建设的矛盾日渐突出，资源和环境问题已成为制约我国社会发展的关键，控制温室气体排放十分紧迫，绿色低碳发展成为我国经济社会发展的重大战略和生态文明建设的重要途径，我国亟须加快建设以可再生能源为主导的清洁低碳、安全高效的能源体系，同时，作为世界上最大的发展中国家，我国积极承担大国责任，承诺至 2030 年实现碳排放强度较 2005 年下降 60%～65%，达到碳排放峰值；2060 年实现碳中和。在国家能源战略的驱动下，为节约不可再生资源、减少环境污染、降低碳排放，我国已加大力度发展以风能和太阳能为代表的可再生能源，持续推进电源结构绿色化转型。

然而，由于我国风能、光能富集区与需求区逆向分布的特点，省际外送通道受阻，市场在优化资源配置中的作用发挥不够充分，灵活调节电源装机比例较低，同时由于风光出力具有随机性、波动性、间歇性、不确定性和反调峰特性，其大规模接入给电力系统的安全稳定运行带来了严峻的挑战，受到电力系统调峰能力约束从而造成新能源消纳矛盾日益突出。为构建清洁低碳、安全高效的现代能源体系，实现我国碳排放远景目标，亟须推动电力市场机制建设、完善新能源参与的电力现货市场交易机制、构建高比例新能渗透的电力现货市场交易决策支持方法，以实现资源有效配置、促进新能源消纳、减少弃风弃光现象造成的经济损失。

长期以来，我国发电量仍主要实行计划管理，火力发电计划刚性执行挤占了新能源优先发电的空间。2015 年 3 月 15 日，中共中央、国务院下发了《关于进一步深化电力体制改革的若干意见》（中发〔2015〕9 号），标志着中国新一轮电力体制改革工作正式启动。此次电力改革的主要任务是"三放开、一独立、三强化"，紧密围绕建设电力市场机制展开，核心任务之一是建立完备的电力交易市场。作为电力市场体系建设关键环节的现货市场，其设计和建设也提上日程。2017 年 9 月 5 日，国家发展改革委办公厅和国家能源局综合司联合印发《关于开展电力现货市场建设试点工作的通知》，选择南方（以广东起步）、蒙西、浙江、山西、山东、福建、四川、甘肃等8个地区作为第一批试点，加快组织推动电力现货市场建设工作。电力现货市场从交易周期角度可分为日前市场、日内市场和实时市场，从商品属性上分为电能市场、辅助服务市场、需求响应市场等。按照配套文件中的市场构成划分，现货市场主要开展日前、日内、实时电能交易和备用、调频等辅助服务交易。如何开展现货市场、设计科学合理的电力现货市场交易机制、开发配套的电力现货市场决策支撑工具成为市场设计者与建设者亟须解决的难题。基于以上背景，本书将在考虑新能源消纳的需求下，对电力现货市场交易中的一些关键问题进行分析和研究，并提出相应的要点和解决思路，有效促进新能源健康、有序发展，促进社会经济的健康和可持续发展。

1.1.2 研究意义

计及新能源的电力现货市场交易优化理论及应用研究对于新能源消纳、电力现货市场建设均具有重要的理论价值和现实意义，主要体现在以下三个方面。

一是能够更好地服务于新型电力系统。新型电力系统首次明确了新能源在未来电力系统中的主体地位，包含多种电源形式，具有物理运行环境多样、决策环境复杂等特点。高比例新能源渗透是未来电力系统的基本特征及发展形态，新能源大规模接入后带来的不确定性问题更加突出，新能源如何参与现货市场是未来新型电力系统中必须要面对的关键问题，计及新能源的电力现货市场交易优化能够更好地发挥市场在电力资源配置中的决定性作用，促进新能源消纳。

二是有助于加快构建全国统一的电力市场交易体系。计及新能源渗透的日前市场、日内市场与实时平衡市场协同交易优化，构建符合我国国情的"中长期 + 现货"的电力市场交易模式，以中长期交易实现较大规模的资源优化配置，以现货市场的灵活交易特性缓解新能源波动性带来的调峰调频问题，对降低市场风险，维护系统安全经济运行，加快新能源发电的市场化进程，统筹有序推进建设公平竞争、健康有序的全国统一电力市场均有着重要意义。

三是有利于能源绿色低碳转型，高质量实现"碳达峰、碳中和"目标。计及新能源的电力现货市场交易能够充分发挥市场机制作用，平抑新能源波动对电网的冲击，引导新能源健康有序发展，进一步扩展新能源消纳空间，构建清洁低碳、安全高效的新型能源体系。新能源因其零碳效益，在减少碳排放方面发挥着重要作用，新能源的健康有序发展、高效合理利用对于如期实现"碳达峰、碳中和"目标有着积极作用。

1.2 我国电力现货市场发展概况

1.2.1 电力现货市场现状

2015 年 3 月 31 日，中共中央国务院发布了《关于进一步深化电力体制改革的若干意见》（中发〔2015〕9 号），新一轮电力改革正式拉开序幕。为加快推动电力现货市场建设，国家发展改革委与国家能源局于 2017 年 8 月 28 日发布《关于开展电力现货市场建设试点工作的通知》，选择南方（以广东起步）、浙江、山东、四川、福建、蒙西、山西、甘肃等 8 个地区作为第一批电力现货市场建设先行试点。

现货市场试点地区电力供需情况、网源结构和交易情况对比如表 1-1 所示。现货市场试点地区建设现状对比如表 1-2 所示。

1.2.1.1 广东

2018 年，广东省全社会用电量达 6012 亿千瓦时，用电量位居全国第一，约占全国总用电量的 10%，人均用电量比肩发达国家。广东省内的电源结构绿色化程度较低，主要以燃煤机组为主，新增机组中海上风电、核电、热电联产机组较多，电源的调节灵活性不足，电力系统调峰压力较大；且省内电源及负荷分布不均，输电阻塞严重，系统运行风险高。

广东省现行电力市场交易规则有双边协商和集中竞价两种模式，以双边协商为主。广东省电力现货市场已开展按日试结算，在现有基数计划和年度

表 1-1　现货市场试点地区电力供需情况、网源结构和交易情况对比

试点地区	电力供需情况	电源结构	电网阻塞情况	市场化交易及现货市场实践
广东	电力受端省份	煤电: 46.8%; 气电: 19.0%; 水电: 6.7%; 核电: 7.6%; 风电: 4.3%; 太阳能: 4.1%; 其他: 11.5%（数据更新至2020年年底）	阻塞严重，阻塞频繁发生在珠三角及粤东西北区域	2020年电力市场累计交易电量2716亿千瓦时，累计降低用户用电成本114.4亿元，节省耗煤581.2万吨，减少二氧化碳排放1545.9万吨，减少二氧化硫排放11.2万吨，降低社会发电成本46.5亿元
浙江	电力受端省份	火电: 62.3%; 光伏和风电: 11.4%; 气电: 15.3%; 水电: 7%; 核电: 3.6%（数据更新至2018年）	阻塞常发生在浙北、浙中、浙南3个区域联络线	2018年市场化交易电量占全社会用电量的32.4%，2020年安排直接接电力交易电量2000亿千瓦时，其中普通直接交易电量1700亿千瓦时，售电市场交易电量300亿千瓦时
山东	电力受端省份	火电: 85.3%; 可再生能源: 11.5%; 其他: 3.2%（数据更新至2015年）	阻塞常发生在省内部分断面	2019年累计直接交易电量超过1700亿千瓦时，几乎占全社会用电量的30%
四川	电力送端省份	水电: 79.02%; 风电和光伏: 5.17%（数据更新至2019年年底）	阻塞常发生在省内部分断面	2019总成交电量649.62亿千瓦时，水电交易均价0.219元/千瓦时
福建	电力送端省份	火电: 53.28%; 核电: 22.19%; 水电: 14.62%; 风电: 3.00%; 光伏: 6.89%（数据更新至2020年6月）	阻塞常发生在省内部分断面	截至2020年11月底，市场化交易电量已突破1036.66亿千瓦时，省内中长期直接交易电量高达804.14亿千瓦时，预计2021年直接交易电量规模达到1200亿千瓦时
蒙西	电力送端省份	火电: 61.92%; 风电: 35.13%; 水电: 2.75%; 其他: 0.02%（数据更新至2018年6月）	阻塞常发生在省内部分断面	2017年试运行了新能源日前现货市场，在保障性收购的基础上，以市场为依托累托累积新能源172.28亿千瓦时
山西	电力送端省份	火电: 72.3%; 水电: 2.4%; 光伏: 13.5%; 风电和光伏: 11.8%（数据更新至2019年年底）	阻塞常发生在省内全部断面	2019年第一季度，省内现货交易电量74亿千瓦时，中长期交易电量318.3亿千瓦时，省内基础电量执行263亿千瓦时，现货市场交易电量约占总发电量的11.3%
甘肃	电力送端省份	火电: 40.64%; 水电: 18.25%; 风电和光伏: 41.11%（数据更新至2019年6月）	阻塞常发生在河西断面	2018年跨省外送电量达到321亿千瓦时，占到全省统调电量的27%。其中中长期外送交易280亿千瓦时，短期外送191亿千瓦时，占比69%；新能源现货外送交易11.88亿千瓦时，跨区现货外送交易32.9亿千瓦时

注：表中数据来自中国电力统计年鉴、国网各省份电力公司。

表 1-2　现货市场试点地区建设现状对比

试点	中长期交易+现货市场	现货市场类型	现货市场特点	现货市场构成	定价机制	报价方式
广东	电力合约：金融合约，非刚性执行；中长期电量交易：分解成金融曲线	集中式	局部地区负荷高峰用电紧张；市场以火电为主，成熟度较高	日前、实时市场	发电侧：节点电价；市场化用户：节点电价加权平均	双边报价：发电侧报价报量，用户侧报价不报量
浙江	电力合约：金融合约，非刚性执行；中长期电量交易：分解成金融曲线	集中式	大电网安全稳定特性日益复杂，市场力问题相对突出	日前、实时市场	发电侧：节点电价；市场化用户：节点电价加权平均	双边报价：发电侧报价报量，用户侧报价不报量
山东	电力合约：金融合约，非刚性执行；中长期电量交易：分解成金融曲线	集中式	清洁能源占比较高，日内机组衔接确保实时电力平衡	日前、实时市场、日内机组组合衔接	发电侧：节点电价；市场化用户：节点电价加权平均	双边报价：发电侧报价报量，用户侧报价不报量
四川	电力合约：省内金融合约，省间物理合约；中长期电量交易：分解成金融曲线	分散式	水电装机占比高；网架薄弱，交直流耦合特性复杂；断网阻塞严重	日前、实时市场	发电侧：统一电价；市场化用户：统一电价	双边报价：发电侧报价报量，用户侧报价不报量
福建	电力合约：物理合约；中长期电量交易：分解成物理曲线	分散式	清洁能源占比高，核电消纳与电网调峰困难	日前、实时市场	发电侧：系统边际电价；市场化用户：系统边际电价	单边报价：发电侧报量，用户侧报价不报价
蒙西	电力合约：物理合约；中长期电量交易：分解成物理曲线	分散式	新能源占比较高，中长期交易为主导	日前、日内、实时市场	发电侧：节点电价或区域电价加权平均；市场化用户：同发电侧	单边报价：发电侧报价报量，用户侧报价报价
山西	电力合约：金融合约；中长期电量交易：分解成物理曲线	集中式	电力优化、新能源优先；现货市场优化空间大；国内首个电力调频市场	日前、日内、实时市场	发电侧：节点电价或区域电价加权平均；市场化用户：同发电侧	双边报价：新能源机组报量不报价，常规机组、用户侧报价报价
甘肃	电力合约：物理合约；中长期电量交易：分解成物理曲线	分散式	新能源交易规模占比高，同步开展跨区域省间富余可再生能源现货交易	日前、实时市场	发电侧：分时边际电价；市场化用户：分节点边际电价	单边报价：发电侧报价报量，用户侧报价不报价

合同继续执行、月度集中交易正常开展和零售结算不变的基础上，每月选择
1～2 个工作日，按照日前申报、日前及实时出清、调度计划执行的全流程开
展试结算工作。2018 年，广东省实现工业用电量 100% 放开，电力市场总成
交量 1572 亿千瓦时，约为全社会用电量的 28.5%。广东省采取"发电侧报
量报价、用户侧报量不报价"的方式组织日前电能量市场申报，通过全电量
申报、集中优化出清的方式开展。现货市场采用节点电价机制定价，日前市
场与实时市场通过集中优化竞争的方式，采用分时节点电价作为市场电能量
价格。

1.2.1.2 浙江

浙江省为华东地区枢纽，电力交互频繁复杂，同时电网运行易受到台
风、雨雪等恶劣天气的影响。浙江省资源匮乏，省内电力生产与供应以煤电
为主，电源集中度较高，用电增长快，对外来电依存度较高。

浙江省于 2019 年 6 月正式启动电力现货市场的模拟运行。2020 年 7
月，现货市场第三次结算试运行完成，第一次实现整月结算试运行。当前，
浙江省电力市场由现货市场和合约市场组成，电力现货市场由日前市场和
实时市场构成，现货市场采取双结算体系。日前市场以 15 分钟为时间段出
清，30 分钟进行结算，每 30 分钟出清电价为该时段内每 15 分钟结点电价
的加权平均值。实时市场每 5 分钟进行出清，每 30 分钟进行结算，全天共
形成 288 个预调度结果、48 个实时交易结果，出清节点电价为每 5 分钟结
点电价的加权平均值。

浙江省电力现货市场的建设应充分适应浙江电力供需总体偏紧的形势，
最大限度地防止风险发生，并且加强外来电中长期合约管理，避免大量电力
暴露在现货市场中，保障省内电力供应安全稳定。同时，浙江省对辅助服务
市场机制与品种有较为完善的交易机制设计。

1.2.1.3 山东

山东电网以 1000 千伏和 500 千伏电网为主网架，30 万千瓦及以上火电
机组作为主力发电机型，是发、输、配电网协调发展的现代大电网。山东省
的新能源装机占比位于全国前列，风电装机容量 1140 万千瓦，位列全国第

5，光伏装机容量 1332 万千瓦，位居全国第一。山东电网网架阻塞较轻，但由于新能源渗透率较高，运行不确定性增大，集中式电力现货市场模式更适合山东省电力市场的建设。

2019 年 7 月，山东启动电力现货交易模拟试运行。山东省电力现货市场有日前市场和实时市场这 2 个时序市场，同时配有日内机组衔接机制。日前市场包含需求侧响应交易、省间增量交易、省内电能量交易、调频辅助服务 4 个交易品种。日前市场中，发电侧报量报价，用电侧报量不报价，以安全约束机组组合出清，以购电经济性作为目标函数确定煤电机组的启停，依据燃煤机组的调度结果，开展辅助服务市场交易。实时市场依据超短期负荷预测、新能源发电功率预测结果，利用安全约束经济调度日内机组组合作为日前市场与实时市场的衔接，以应对新能源出力预测偏差，降低风险。电力现货市场采用差价结算模式，90% 的电量交易于中长期市场中发生，以降低市场风险。现货市场中暴露的电力较少，保障了电网安全运行。

1.2.1.4 四川

四川省内电网水电装机占比高，丰枯水期发电差异大、网架约束多、参与市场主体间实力差距大，制约着四川省电力现货市场的建设与发展。

四川省是国内首个采用丰枯分期电力现货市场模式的试点，由日前市场与实时市场构成，将逐步放开日内市场与辅助市场。日前市场以运行日负荷预测、省间中长期交易、非水清洁能源发电、火电发电、水电优先电量为边界条件，以全网购电成本最小化为目标，以 15 分钟为时间间隔，同时发布分区边际电价。实时市场采用"集中优化、统一出清"的方式，在日前机组组合的基础上对未来每一小时进行优化，以每 15 分钟为时间间隔出清。省内实时市场出清之后，省内富余水电电量将再次参与省间日内市场出清。枯水期水电不参与现货交易，按照中长期交易模式结算。丰枯双期电力市场在时间与空间上结合四川省电网结构，与水电的季节性与空间性特性耦合，实现水电有效消纳。

1.2.1.5 福建

福建省电源装机中清洁能源占比较高，现已形成以火电、核电为主，水电、风电与热电等多源参与的结构，同时具有众多的市场参与主体，参与的电源种类为全国第一。福建省电力市场由中长期市场与现货市场构成，前者主要开展年、月和多日的电量交易以规避风险；后者主要开展日前、日内和实时电量交易，用于发用电实时平衡、发现价格信号、促进新能源消纳。当前现货市场由日前市场与实时市场构成，以 15 分钟为结算周期，采用电能量市场与辅助服务市场联合出清，保障市场出清最优化，每日产生 96 个电价。福建省电力现货市场与省内清洁能源占比高的实际情况紧密结合，机制设计着重解决当前核电消纳与电网调峰困境，以及可再生能源快速发展带来的系统平衡等问题，促进福建省清洁能源消纳。

1.2.1.6 蒙西

蒙西地区风能和太阳能资源丰富，是我国新能源富集的省级电网。蒙西电网东西狭长，网架结构约束程度较高，电源结构较为复杂，西部资源密集，资源与负荷逆向分布。蒙西的新能源消纳问题较为严峻，新能源装机总量增长过快；电网约束复杂，新能源送出能力受到限制；电源结构不合理，火电机组主要以热电联产机组为主，灵活可调节资源比例较低，电网调节能力较差。

蒙西电力市场是全国第一个正式运营的交易市场，自 2015 年起启动以新能源消纳为主要目的的中长期交易市场，2017 年试运行了日前现货市场，在保障性收购的基础上，累计消纳新能源 172.28 亿千瓦时。蒙西地区新能源占比较高，供热期与新能源大发期重叠，需要有效的市场机制激励非供热机组让出空间。蒙西现货市场由日前市场、日内市场与实时平衡市场构成。日前市场基于中长期电量日分解曲线，以系统运行综合效益最大化为目标，分段报价、实时出清，并形成日前调度计划。日内市场以交易日超短期负荷预测（4 小时）为基础，优化市场主体计划运行曲线，实现日内发电计划滚动优化调整。实时交易以日内交易出清的计划运行曲线为基础，以未来15 分钟的超短期负荷预测、新能源发电功率预测为基础，以系统调节成本最小为优化目标。

1.2.1.7 山西

山西电网是西电东送、北电南送、水火互济、特高压交直流混联、包含较大比例可再生能源的外送型电网。山西省内电源与负荷逆向分布，电源种类多样，电源结构具有燃煤机组比例高、供热机组比例高与清洁能源占比高三大特点。同时，发电侧市场竞争度高，有利于开展全电量现货交易集中竞争。

2018 年 11 月 28 日，山西省提出"全电力优化、新能源优先"的电力现货市场模式。山西省内构建"中长期合约仅作为结算依据管理市场风险、现货交易采用全电量集中竞价"的电力市场模式，中长期市场稳定价格，现货市场保障电网安全，提高新能源消纳比例。在省间现货预出清的基础上，以省内平衡后的富余发电能力参与省间现货交易。新能源机组参与省内现货交易，初期采取"报量不报价"的方式，保证优先出清，后逐步过渡至新能源机组按照"报量报价"的方式参与市场，适时开展可再生能源配额约束下的现货交易。现货市场由日前市场、日内市场与实时市场构成，按照交易次序依次为省内日前现货交易、省内调频交易、省内日前深度调峰交易、省间日前现货交易、华北跨省日前调峰交易、省间日内现货交易、华北跨省日内调峰交易、省内实时现货交易、省内实时深度调峰交易，即省间现货市场、跨省调峰市场，拓展新能源消纳空间。日前省内现货市场，采取全电量优化、全时空配置的组织方式，以次日全部省内用电需求预测和中长期外送交易结果作为竞价优化空间。电力调度机构以系统发电成本最小化为目标，考虑机组和电网运行约束条件等，实施市场出清计算，形成日前开机组合、机组发电计划曲线和分时边际电价，确定省内机组开机方式和发电预计划，以平衡后的富余发电能力为交易空间，参与日前省间现货交易。电力调度机构依据超短期负荷预测、新能源发电预测、日内省间现货交易结果、日内跨省调峰交易结果等，在日前发电终计划的基础上，通过实时现货市场调节省内发用电偏差。

1.2.1.8 甘肃

甘肃电网是西北电网潮流交换的核心枢纽，电源与负荷分布不匹配，网络阻塞严重。甘肃新能源资源优势明显，目前已经形成了"规模性、外向型、送出型"电网。

2018 年 12 月 27 日，甘肃省电力现货市场开始试运行，日前现货市场的交易空间为省内用电负荷与跨省区中长期交易外送形成的全电量空间，采取发电侧单边集中竞价、分时边际出清的方式组织，形成次日机组发电曲线和分时边际电价。实时市场沿用日前市场报价，但考虑到新能源发电特性与超短期预测准确性更高的特点，允许新能源在实时市场二次报价，市场运营机构依据新能源申报结果、超短期负荷预测、日前市场封存的交易结果等，对未来 15 分钟进行集中出清，形成出清价格和出力。调度机构以全网发电购电成本最小化为目标，以次日负荷预测以及火电机组启停计划为边界条件，考虑电力平衡约束、电网运行安全约束条件与机组运行特性约束等条件，运行带安全约束的经济调度程序进行市场出清计算，形成发电计划曲线与分时边际电价。2018 年，跨省区现货交易电量 32.9 亿千瓦时，占全国总量的 47%，降低弃风弃光率 8.5 个百分点。

1.2.2 电力现货市场建设基本原则

我国新一轮电力改革正朝着全国统一电力市场体系稳步推进，在实现资源优化配置、提高能源利用效率、促进以风光为典型代表的清洁能源消纳等方面发挥了重要作用。在我国电力市场，尤其是电力现货市场建设的过程中，必须要充分发挥中国特色社会主义制度优势，加快建设适合中国国情的电力市场，更好地利用"看得见的手"与"看不见的手"，实现资源优化配置。基于我国能源体系建设与能源转型的要求，总结出我国电力市场建设、电力现货市场建设的基本原则如下。

1.2.2.1 必须有利于构建清洁低碳、安全高效的能源体系

我国能源正在经历一场深刻的能源供给与消费革命，能源保障经济社会发展、生态文明建设、社会进步和谐、人民幸福安康的作用日益凸显。当前，我国石油、天然气资源存在较为严重的对外依赖，能源效率水平距发达国家还有很大差距，国内生产总值能源消耗是发达国家平均水平的 2.1 倍，

亟须改进提高。因此，为了推动我国能源工业向清洁低碳、安全高效方向进一步可持续发展，加快生态文明建设、推进绿色发展、打赢蓝天保卫战、建设美丽中国，推动能源生产和消费革命，我国电力市场建设必须充分发挥国内特高压输电技术的优势，完善可再生能源市场交易机制、能源灵活传输机制及智慧能源消费机制等，形成以新能源和可再生能源为主体的清洁低碳、安全高效的新型能源体系。

1.2.2.2 必须有利于提高电力安全保障水平

高比例可再生能源并网，能够突破新能源转化困境，促进新能源消纳。我国电力系统将在较长时间内，呈现高比例可再生能源和交直流混联电网特征。新能源发电功率具有随机性和波动性，可再生能源高比例并网会影响电能质量，对电网造成冲击。因此，需要结合新能源发电特性，加强对新能源实时出力的预测方法研究，精准预测风电、光伏发电的实时出力。

1.2.2.3 坚持采用市场调控手段加快新能源消纳

在电力现货市场的建设过程中，想更好地发挥市场配置资源的作用，需要充分考虑新能源发电特性，建立保障新能源消纳的灵活交易机制。同时，须加快研究碳交易与电力市场交易协同、新能源与化石能源有序竞争机制、可再生能源消纳权重配额制与绿色证书市场、市场风险防范等新型市场改革等，构建开放有序的电力市场体系。

1.2.3 电力现货市场建设关键问题

1.2.3.1 新能源发电功率短期及超短期预测模型存在不足

准确有效的新能源发电功率预测技术对维持电网的安全稳定运行十分必要。准确的新能源发电功率预测可以为电网调度计划、电力市场交易提供决策参考，增强电力系统的稳定性、安全性；可以减少系统的旋转备用容量，降低发电成本，提高新能源发电场的经济效益。随着电力市场改革的推进，准确的新能源发电功率短期预测还可为电力市场条件下并网新能源竞售提供相关依据，促进省际间优先消纳新能源，同时为电力市场参与者降低由新能源发电不确定性带来的风险。

当前，新能源发电预测技术对数据预处理的重视程度不够。有效的数据预处理方法能够提高模型输入数据质量，提高预测精度，但基础数字信号处理方法在分解原始功率序列时会得到较多的子序列，增加预测的复杂程度。因此，新能源发电功率预测问题的研究中，结合高效率数据预处理方法的同时，须构建具有较强训练速度与泛化能力的新能源发电功率预测模型。

1.2.3.2 电力现货市场电价预测研究对新能源影响的分析与论证不足

在电力现货市场运行过程中，由于新能源发电具有不确定性，新能源参与电力市场比例的提高，可能会造成市场电价出现大幅度波动，这些价格风险将给市场主体甚至整个社会带来非常严重的损失。已有的新能源参与对电力现货市场的影响研究中，新能源的优序效应造成电力市场出清价格下降已经得到证实，但新能源参与对电力现货市场电价的影响仍缺乏全面的方法体系，并缺少新能源对电力现货市场价格影响的量化模型，无法将新能源影响传导至现货市场电价中。

电力现货市场价格预测对于市场参与主体的公平性有着重要作用。准确预测现货市场电价，能够为电力市场各参与方提供决策支撑，提升市场在资源配置中的关键性作用。但电力现货市场价格预测具有较强的随机性与波动性，且影响因素较多，除电力负荷、电力需求、发电量等常规影响因素，还包括气候、经济与政策影响。且随着高比例新能源并网，新能源参与电力现货市场给短期与超短期电价预测带来更大的挑战。已有对电力市场中电价的研究，较少部分未考虑新能源渗透对于电力市场电价的影响。相关预测模型未在新能源参与电力现货市场交易情况下，将新能源的影响进行量化并传递至电力现货市场价格预测模型中，预测精度不够理想。

1.2.3.3 中长期电力市场交易与现货市场交易间的配套机制不完善

我国电力市场建设起步较晚，依据"管住中间，放开两头"的思路，我国选择直接交易作为电力市场改革初期的切入点，率先开展包括以年、月度为周期的中长期电量交易。当前电力现货市场的建设仍处于试点阶段，且未来很长一段时间内仍以中长期电力交易为主，逐步探索建设电力现货交易。

随着新能源不断发展和电力体制改革逐渐深化，依据我国高比例新能源消纳的特点与能源转型发展的要求，亟须构建新能源参与的、中长期市场与电力现货市场相结合的市场交易机制。以中长期交易实现较大规模的资源优化配置，以现货市场的灵活交易特性缓解新能源波动性带来的调峰调频问题，衔接直接交易确定的电量与现货市场中可交易的电量，构建符合我国国情的"中长期 + 现货"的多层级电力市场交易模式，是当前我国电力市场建设亟须解决的关键问题。

在我国第一批八个电力现货市场试点中，蒙西与福建采用分散式市场，广东、福建等地区采用集中式市场模式。分散式市场与集中式市场最为关键的区别在于，分散式市场中市场主体可签订中长期实物合同，当用电需求与中长期合约产生偏差时，可依据主体意愿参与电力现货市场交易。如何在电力现货市场出清优化模型中处理好中长期合约物理交割与电网运行约束间的衔接问题，有效协调中长期市场与电力现货市场出力间的矛盾，是当前分散式现货市场出清优化模型设计的关键。在计及中长期市场影响的电力现货日前市场交易优化模型中，同时考虑新能源参与电力对现货市场的影响，可进一步加快新能源发电市场化进程，促进新能源消纳。

1.2.3.4 对含日内市场的电力现货市场机制研究较少

新能源大规模接入电力系统后，发电量波动性、间歇性与反调峰特性将会进一步影响电力现货市场结构，现货市场中日内市场逐步发挥更加重要的作用，实时平衡市场中的成交电量将会增加，同时电力现货市场出清电价的波动将会增大。当前我国电力现货交易试点地区较多采用日前市场与实时市场结合的运行模式，随着电网逐步呈现高比例新能源并网态势，在日前市场与实时市场之间增设日内市场成为必然趋势。但当前对三个市场联合运行模式的研究较少，无法实现不同交易时段市场之间的信息传递与联合优化，限制市场在资源优化配置方面的作用。

1.2.3.5 碳市场建设必要性研究与分析不足

为实现"碳达峰、碳中和"目标，亟须构建全国统一的碳排放交易市场。为更好地制定碳减排措施，有必要对我国未来的碳排放情况进行预测，支撑碳排放权交易市场建设，同时辅助决策者制定适宜的能源政策与市场机制。已有研究中，碳排放预测模型较多采用 IPAT、STIRPAT 模型，并将其转化为线性模型求解，或采用单一智能算法，对组合智能算法的研究相对较少，模型中考虑的参数也较少，不能较好地反映数据的非线性映射关系，因此无法准确地描述我国未来的碳排放情况，合理分析我国的碳排放压力。

1.2.3.6 基于我国国情的碳市场和电力市场耦合研究缺乏

碳市场作为一种基于市场的减排政策工具，是应对气候变化的一项重大制度创新，由于其在成本有效性、环境有效性及政治可行性等方面的优势，近年来被越来越多的国家和地区应用于各自的减排实践中。碳交易作为新电改下可再生能源衍生品交易，其目的除响应国际节能减排降耗的号召外，也是针对我国目前能源供给过分依赖传统化石能源问题、电力供需匹配不平衡问题和绿色能源发展的补贴问题提出的一种解决思路。深入研究我国碳市场和电力现货市场耦合机制，对推进电力市场建设和优化资源配置具有重要的现实意义。

1.3 电力预测理论基础

受天气变化、社会活动和节日类型等各种因素的影响，电力相关的时间序列表现为非平稳的随机过程，但是影响系统负荷的各因素中大部分具有规律性，从而为实现有效的预测奠定了基础。电力预测的方法包括经典预测方法、智能预测方法。智能预测方法主要是机器学习方法，由于机器学习算法的浅层结构，无法实现复杂的非线性映射，又发展出深度预测方法。下面分别从经典预测方法、机器学习预测方法、深度学习方法三个方面简单介绍电力预测的基本方法。

1.3.1 经典预测方法

经典预测方法是主要是基于时间序列进行预测，对自回归综合移动平均

（ARIMA）模型、广义自回归条件异方差（GARCH）模型进行简要介绍。

1.3.1.1 ARIMA 模型

ARIMA 模型是用于预测平稳时间序列的最受欢迎的线性回归模型之一。该模型表示为 $ARIMA(p,D,q)$，其中参数 p、D 和 q 表示预测模型的结构，p 为自回归项数，D 为时间序列成为平稳时所做的差分次数，q 为滑动平均项数。$ARIMA(p,D,q)$ 的数学公式如下

$$\left(1-\sum_{i=1}^{p}\varphi_{i}L^{i}\right)(1-L)^{D}X_{t}=\left(1+\sum_{i=1}^{q}\theta_{i}L^{i}\right)\varepsilon_{t} \qquad （1-1）$$

式中　L、L^{i}——分别为一阶滞后算子、高阶滞后算子（$i>1$）；

　　　　φ_{i}——模型自回归部分的参数；

　　　　X_{t}——任意时间序列；

　　　　θ_{i}——MA 部分的参数；

　　　　ε_{t}——残差序列。

ARIMA 模型迭代步骤分为三步。

（1）识别和选择模型类型。为了判断最佳拟合模型，固定时间序列必不可少，在该序列中，基本统计属性（例如均值，方差，协方差或自相关）随时间是恒定的。为了构建固定时间序列，使用了适当的微分度（D）。然后，检查自相关函数（ACF）和部分自相关函数（$PACF$）以选择模型类型。

（2）参数估计。基于 ARIMA 模型选择 q 和 p 的阶数，现有的方法有：Akaikes 信息标准（AIC）、最小描述长度（MDL），AIC 和贝叶斯信息标准（BIC）或模糊系统等。

（3）对残留分析进行诊断检查，诊断统计数据和残差图。

1.3.1.2 GARCH 模型

GARCH 模型是基于过去变化和过去方差来预测将来变化的时间序列建模方法，适应于长时间记忆的波动，并允许灵活的滞后结构。$GARCH(p,q)$ 模型的数学公式如下

$$\sigma_{t}^{2}=\alpha_{0}+\sum_{i=1}^{p}\alpha_{i}\varepsilon_{t-i}^{2}+\sum_{i=1}^{q}\beta_{i}\sigma_{t-i}^{2} \qquad （1-2）$$

式中 σ_t^2——带残差的条件方差;

　　ε_{t-i}——随机误差项的 i 阶滞后,并假设其服从 $N(0,1)$ 正态分布;

　　α_i、β_i——均为待估参数。

下面介绍几种常见的改进 GAROH 模型。

(1)E-GARCH 模型。该模型采用条件方差的自然对数作为时间和滞后的线性组合,使条件方差 H_t 保持非负。条件方差的自然对数 g_t 的数学公式如下

$$\ln(g_t) = v + \sum_{i=1}^{n} \eta_i \left| \frac{\varepsilon_{t-i}}{\sqrt{g_{t-i}}} \right| + \sum_{j=1}^{m} \theta_j \ln(g_{t-j}) + \tau \left| \frac{\varepsilon_{t-i}}{\sqrt{g_{t-i}}} \right| \qquad (1\text{-}3)$$

式中 η_i、v、m、n、θ 均大于 0;

　　ε_{t-i}——平均值为零的白噪声;

　　τ——用于可以通过估计参数来测量对条件方差的不对称影响;

　　η_i、0_j——非负为正的条件方差。

(2)T-GARCH 模型。T-GARCH 模型放宽了对条件方差线性函数的一些限制,变换系数 $\tau_i d_{t-i}$ 被添加到 ε_{t-i}^2 中,模型数学公式如下

$$y_t = u + \varepsilon_t, g_t = v + \sum_{i=1}^{m} (\eta_i + \tau_i d_{t-i}) \varepsilon_{t-i}^2 + \sum_{j=1}^{m} \theta_j g_{t-j} \qquad (1\text{-}4)$$

式中 y_t——条件均值;

　　τ_i——用于衡量杠杆效应;

　　ε_{t-i}——平均值为零的白噪声;

　　η_i、θ_i——非负为正的条件方差。

当 $\varepsilon_{t-i} < 0$ 时,$d_{t-i}=1$;当 $\varepsilon_{t-i} > 0$,$d_{t-i}=0$,其中条件方差 g_t 可以表示为:

$$g_t = \begin{cases} \sum_{i=1}^{n} \eta_i \varepsilon_{t-i}^2 + \sum_{j=1}^{m} \theta_j g_{t-j}, \varepsilon_{t-i} > 0 \\ \sum_{i=1}^{n} (\eta_i + \tau_i) \varepsilon_{t-i}^2 + \sum_{j=1}^{m} \theta_j g_{t-j}, \varepsilon_{t-i} < 0 \end{cases} \qquad (1\text{-}5)$$

(3)P-GARCH 模型。P-GARCH 模型引入了一种灵活的替代方法来模拟长时记忆的波动性,对非对称绝对残差和条件标准差用 Box-Cox 幂变,

该模型的数学公式如下

$$g_t^{\frac{1}{2}\lambda} = v + \sum_{i=1}^n \eta_i \left(\left| \varepsilon_{t-i} \right| - \tau_i \varepsilon_{t-i} \right)^\lambda + \sum_{j=1}^m \theta_j g_{t-j}^{\frac{1}{2}\lambda} \qquad （1-6）$$

式中　ε_t——误差项，$\varepsilon_t = \tau_t \sqrt{g_t}$，$\tau_t \sim (0,1)$，$v > 0$，$\lambda \geqslant 0$，$\eta_i \geqslant 0$，$-1 < \tau_i < 0$，$\theta_j > 0$。

1.3.2　机器学习预测方法

机器学习是一种人工智能算法，通过创建数学模型，可以将分类、预测、回归和决策过程应用于各个领域。机器学习预测方法由于其特有属性与较高的训练成功率，相较经典的电力预测方法具有更高的预测精度。以下介绍两种常用的机器学习算法：反向传播神经网络（Back Propagation Neural Network，BPNN）及支持向量机（Support Vector Machine，SVM）。

1.3.2.1　BPNN

BPNN 是一种采用误差反向传播学习的多层前馈神经网络，可以实现非线性映射的关系，一般包括多个层次：输入层、隐藏层和输出层。网络由多层构成，层与层之间全连接，同一层的神经元无连接。多层的网络设计，使 BPNN 能够从输入中挖掘更多信息，完成更为复杂的任务。

BPNN 一般使用 Sigmoid 函数或线性函数作为传递函数。

在 BP 网络中，数据从输入层经隐含层向后传播，训练网络权重时，则沿着减少误差的方向，从输出层经过中间各层逐层向前修正网络的连接权值。

BP 神经网络常采用最速下降法来调整各层权值，连接权值的修正量 ΔW_{ij}^k 的计算公式如下

$$\Delta W_{ij}^k = -\eta \frac{\partial E_k}{\partial W_{ij}} \qquad （1-7）$$

式中　η——学习因子；

　　　E_k——第 k 个样本的误差。

权值调整公式如下

$$W_{ij}^k(t+1) = W_{ij}^k(t) + \Delta W_{ij}^k \qquad （1-8）$$

式中 t——训练次数。

BPNN 具有实现任何复杂非线性映射的能力，特别适合求解内部机制复杂的问题，但 BPNN 也具有一些难以克服的局限性：一是 BPNN 模型初始权值敏感性。训练的第一步是给定一个较小的随机初始权值。由于权值的随机性，BP 网络往往具有不可重现性。二是容易陷入局部最优。BPNN 理论上可以实现任意非线性映射，但应用中常陷入局部极小值中。可以通过改变初始值、多次运行的方法获得全局最优值。这两个方面的缺陷限制了 BPNN 模型在波动性强的时间序列预测方面的实际应用。

1.3.2.2 SVM

SVM 是用于高度复杂和非线性问题的重要方法，其目标是提供非线性映射功能，输入数据集和输出数据集非线性关系可以通过回归函数 $f(x)$ 描述如下

$$f(x) = [\omega \cdot \phi(x)] + b \tag{1-9}$$

式中 ω、h——控制变量，$\omega \subset R^n$，$b \subset R$。

经验风险函数 $R_{emp}(x)$ 定义如下

$$R_{emp}(x) = C \sum_{i=0}^{n} \eta[f(x_i) - y_i] + \frac{1}{2}\|\omega\|^2 \tag{1-10}$$

式中 η——成本函数；

C——常数，即估计误差的惩罚；

$(x_i, y_i), i=1,2,\cdots,n$——训练数据集。

ω 的表达式如下

$$\omega = \sum_{i=1}^{t} (\partial_i - \partial_i^*)\phi(x_i) \tag{1-11}$$

式中 ∂_i、∂_i^*——拉格朗日乘数。

$$\omega = \sum_{i=1}^{t} (\partial_i - \partial_i^*)[\phi(x_i) \cdot \phi(x_i)] \tag{1-12}$$

将点积替 $\phi(x_i) \cdot \phi(x_i)$ 换为内核函数 $k(x_i, y_i)$ 可得

$$f(x) = \sum_{i=1}^{t} (\partial_i - \partial_i^*)k(x_i, y_i) + b \tag{1-13}$$

最常用的成本函数 $\eta[f(x)-y]$，公式如下

$$\eta[f(x)-y]=\begin{cases}\left\|f(x)-y\right\|-\varepsilon, for\left\|f(x)-y\right\|\geqslant\varepsilon \\ 0,\text{其他}\end{cases}$$ （1-14）

SVM 中使用了四种基本内核函，分别为线性、高斯、多项式和径向基函数内核。

1.3.3 深度学习预测方法

深度学习是人工神经网络的一个分支，仍属于机器学习的范畴。而深度学习的网络结构具备多个隐含层，具有复杂特征的数据在经过多个隐含层的训练学习后，能够精确地将数据中隐藏的特征提取出来。应用较为广泛的深度学习模型包括卷积神经网络（CNN）、循环神经网络（RNN）和长短期记忆网络（LSTM）。

1.3.3.1 卷积神经网络

CNN 模型是在 2014 年提出的，该模型包含卷积计算且具有多层深度结构的前馈神经网络。CNN 为人工神经网络的一种，但其神经元之间的连接方式与人工神经网络不同。CNN 中仅部分连接，也可称之为稀疏连接，模型在进行训练学习时，仅存储少量的重要信息，就可以挖掘到输入数据的特征。CNN 具有表征学习的能力，能够按其阶层结构对输入信息进行平移不变分类。

经典的 CNN 模型结构包含输入层、卷积层、池化层和输出层。CNN 模型向前传递时，可以计算得到输出值，反向传播时，可以优化偏置和传递权重，图 1-1 为 CNN 模型结构图。

1.3.3.2 RNN

RNN 于 2010 年提出，具备独特的性能及高效记忆历史信息的能力，其产生的主要目的是处理时间序列数据。因此，RNN 对具有前后关联性的时间序列有巨大优势。

经典的 RNN 结构及其展开如图 1-2 所示。

RNN 中隐含层的各个节点互相连通，且隐含层的输入取决于输入层的

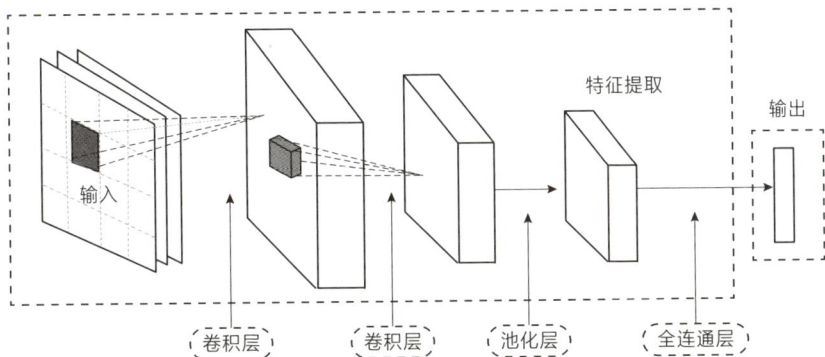

图 1-1　CNN 模型结构图

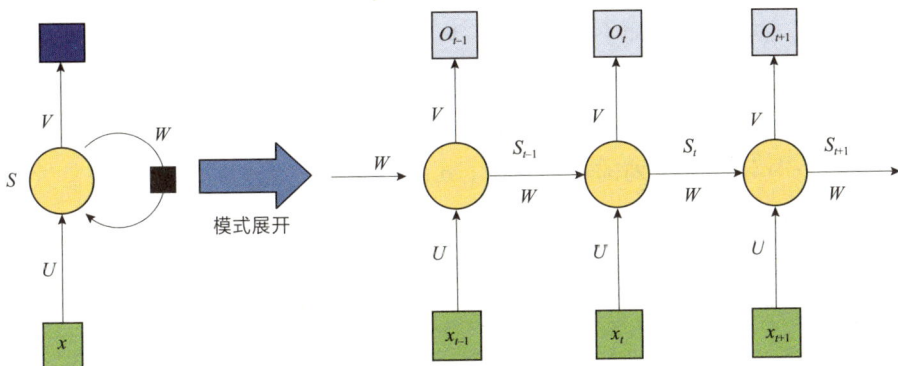

图 1-2　RNN 网络结构

输出和上一时间点该隐含层的输出。因此，RNN 模型的输出不仅与当前时刻的数据输入有关，同时还与之前时间的输出数据有关联。这种神经网络结构使 RNN 具备对历史信息的记忆功能。

图 1-16 中，x_t 为 t 时刻的输入值，s_t 为 t 时刻的隐状态，是由上一层的隐状态 s_{t-1} 与当前时刻的输入 x_t 共同决定的，具体的计算方法如下

$$s_t = f(U_{xt} + W_{st-1}) \qquad (1-15)$$

式中　　f——非线性的传递函数；

　　　　U、W——相互对应的映射函数关系。

在 RNN 中，隐含层中的参数（例如 U、V、W）可以共享，在一定程度上简化了模型。RNN 中可以利用反向传播（Back Propagation，BP）算法来

不断优化参数设置，具体可以分为以下三个步骤。

（1）依据时间序列的时序，不断向前更新每个神经元的输出值。

（2）确定偏差函数，反向计算获得 RNN 中每一个神经元的偏差值。

（3）计算每个权重的梯度，权重采用随机梯度算法进行更新。

1.3.3.3 LSTM

由于 RNN 在时间序列应用存在严重缺陷，模型难以进行高效训练。因此，Hochreiter 在 1997 年构建出 LSTM 模型，有效解决了 RNN 模型中梯度消失和梯度爆炸的问题。LSTM 模型可以学习时间序列的长期以来信息。

LSTM 模型的构造相对 RNN 模型复杂很多，主要由三大门限单元模块组成，分为遗忘门、输入门、输出门。设定 h_{t-1} 为上一时刻的输出，x_t 代表当前时刻 t 的输入向量，W_i、W_o、W_c、W_f 分别代表输入门、输出门、cell 与遗忘门在当前时刻输入向量的权值矩阵，而 U_i、U_o、U_c、U_f 分别代表作用在上一时刻输入序列的权值矩阵，b_f、b_i、b_c、b_o 为相对应的偏置变量。LSTM 模型的信息更新与传导过程如下。

（1）LSTM 模型处理时间序列数据的次序依次为从左至右。在海量数据输入模型中时，首先需要判别保留哪些有用信息，剔除哪些无用信息。因此在遗忘门中存在一个控制开关，能够控制保留有价值的信息比例。

（2）cell 单元的更新过程共同依赖当前时刻的输入、上一时刻的输出、历史记忆信息 C_{t-1}。

（3）cell 单元的信息更新后，在输出门的控制下，输出当前时刻的信息 h_t。主要计算过程如下

$$i_t = \sigma(W_i \times x_t + U_i \times h_{t-1} + b_i) \tag{1-16}$$

$$f_t = \sigma(W_f \times x_t + U_f \times h_{t-1} + b_f) \tag{1-17}$$

$$\tilde{C}_t = \tan h(W_c \times x_t + U_c \times h_{t-1} + b_c) \tag{1-18}$$

$$C_t = f_t \times C_{t-1} + i_t \times \tilde{C}_t \tag{1-19}$$

$$o_t = \sigma(W_o \times x_t + U_o \times h_{t-1} + b) \tag{1-20}$$

$$h_t = o_t \times \tan h(C_t) \tag{1-21}$$

式中 i_t、f_t、C_t、o_t——分别为输入门、输出门、cell 单元与遗忘门在 t 时刻的状态；

σ——sigmoid 激活函数；

$\tan h$——tanh 激活函数。

LSTM 模型是在不断地训练学习中使新旧记忆叠加，比 RNN 模型具备更强的信息筛选能力与时间序列训练学习的能力、模型的参数优化采用后向传播技术，链式求导后得到误差前向传播的梯度如下

$$\begin{aligned}
\frac{\partial L}{\partial W_f} &= \sum_{t=1}^{T} \frac{\partial L}{\partial C^t} \frac{\partial C^t}{\partial f^t} \frac{\partial f^t}{\partial W_f} \\
&= \sum_{t=1}^{T} \delta_C^t C^{t-1} f^t (1 - f^t)(h^{t-1})^T \delta_C^t \\
&= \frac{\partial L}{\partial C^t}
\end{aligned} \tag{1-22}$$

式中 δ_C^t——当前时刻、当前层的误差梯度值。

1.4 不确定性优化理论

根据不确定性变量建模方法的不同，不确定性优化方法一般可分为三类：模糊规划、鲁棒优化、随机规划。

1.4.1 模糊规划

模糊规划采用模糊变量描述不确定性因素，用模糊集合来表示约束条件，并利用模糊隶属度函数定义约束条件的满意度。但通过有限的数据样本以及决策者本身的经验来确定不确定性因素的隶属度函数往往带有较大的主观随意性。模糊规划可以分为三类，分别是目标函数明确、约束条件模糊，目标函数与约束条件均模糊，以及约束条件明确但目标模糊。下面简单介绍前两种模糊规划问题的求解办法。

1.4.1.1 第一类模糊线性规划求解方法

第一类模糊规划的问题标准形式描述如下

$$\begin{cases} \max Z = CX \\ AX \leqslant b \\ x \geqslant 0 \end{cases} \quad (1\text{-}23)$$

式中　$\max Z = CX$——线性目标函数；

　　　$AX \leqslant b$——约束条件，$b=(b_1,b_2,\cdots,b_m)^T$。

求解步骤如下。

（1）选择隶属函数，$\mu(d_i),i=1,2,\cdots,m$，一般选择严格递减函数作为隶属函数。

（2）求解一般线性规划 b^0 下的最优解与极值 Z_0^*。

（3）依据 $\mu_F(X)=\dfrac{CX}{Z_0^*}$ 模糊化目标函数。

（4）在给定精度 λ 与误差水平 ε 下，构建 $\mu_F(X)$ 目标函数，并求解最优解 X^* 与最优值 Z_K^*。

（5）按 $\varepsilon_k = \lambda_k - Z_K^*$ 计算 ε_k，若 $|\varepsilon_k| \leqslant \varepsilon_0$，则 X^*，λ_k 为最优解、最优解水平。若 $|\varepsilon_k| > \varepsilon_0$，则 $\lambda_{k+1} = \lambda_k - r_k \varepsilon_k$，再次确定解水平，重复上一步，其中 $0 \leqslant r_k, r_{k+1} \leqslant 1$。

1.4.1.2 第二类模糊线性规划求解方法

第二类模糊规划的问题标准形式描述如下

$$\begin{cases} CZ = Z_0 \\ AX \leqslant b \\ x \geqslant 0 \end{cases} \quad (1\text{-}24)$$

式中　$CX = Z_0$——线性目标函数；

　　　$AX \leqslant b$——约束条件。

求解步骤如下。

（1）结合模糊目标与模糊约束，则有：

$$\begin{cases} c_1 & c_2 & \cdots & c_n \\ a_{11} & a_{12} & \cdots & a_{1n} \\ \vdots & \vdots & \ddots & \vdots \\ a_{m1} & a_{m2} & \cdots & a_{mn} \end{cases} \cdot \begin{cases} X_1 \\ X_2 \\ \vdots \\ X_n \end{cases} \le \begin{bmatrix} Z_0 \\ b_1 \\ \vdots \\ b_n \end{bmatrix} \qquad (1\text{-}25)$$

（2）确定隶属函数 $\mu(X)$：

$$\mu(X) = \begin{cases} 1 & (A'X)_i \le b \\ \dfrac{b_i + d_i - (A'X)}{d_i} & 0 < (A'X)_i < b_i + d_i \\ 0 & (A'X)_i \ge b_i + d_i \end{cases} \qquad (1\text{-}26)$$

（3）依据最优判决条件，建立一般线性规划模型。其中，最优判决条件为：

$$\max_{x \ge 0} \left\{ \min_{0 \le i \le m} \left[\frac{b_i + d_i - (A'X)_i}{d_i} \right] \right\} \qquad (1\text{-}27)$$

令 $\lambda = \min\limits_{0 \le i \le m} \left[\dfrac{b_i + d_i - (A'X)_i}{d_i} \right]$，则有一般线性规划模型的标准形式为：

$$s.t. \begin{cases} d_0\lambda + c_1 x_1 + \cdots + c_n x_n \le b_0 + d_0 \\ d_1\lambda + a_{11} x_1 + \cdots + a_{1n} x_n \le b_1 + d_1 \\ \vdots \\ d_m\lambda + a_{m1} x_1 + \cdots + a_{mn} x_n \le b_m + d_m \\ \lambda, x_j \ge 0 \end{cases} \qquad (1\text{-}28)$$

（4）求解一般线性模型则可得最大隶属度 λ 与模型的最优解。

1.4.2 鲁棒优化

鲁棒优化是一种解决不确定性问题强有力的工具，通过"集合"的形式描述变量的不确定性，使得约束条件在不确定变量取值于已知集合中所有可能值时都能够满足，并以此建立最极端情况下优化目标函数的鲁棒对等模型。鲁棒性优化方法可以在保留足够灵活性的前提下获得求解精度的提升，计算效率高，适合求解大规模系统的优化问题。下面主要介绍鲁棒线性规划、鲁棒二次优化、鲁棒半定规划。

1.4.2.1 鲁棒线性规划

鲁棒优化模型的一般形式如下

$$\min_{x \in R} \ \sup_{\xi \in u} f_0 \left(x, \xi \right)$$

$$s.t. \ \sup_{\xi \in u} f_i \left(x, \xi \right) \leqslant 0 \left(i = 1, \cdots, m \right) \tag{1-29}$$

式中　x——决策变量；

　　　ξ——不确定性的量。

为了提高模型适用性，椭圆形式不确定因素、多面体不确定因素、区间不确定集合被进一步考虑进鲁棒线性规划问题中。

1.4.2.2 鲁棒二次规划

在处理不确定性凸二次约束问题时，在计算上会产生难以处理的严格非线性规划鲁棒对应。近似鲁棒来代替真实鲁棒的基本原理为，对一般的二次规划问题，若不确定约束方程系数，将不确定数据集合分割成令人满意的数据集合与包含原点的凸紧数据扰动集合两部分，并从数据扰动集合出发，设计一个稳定性更好的鲁棒模型来取代原问题的真实鲁棒对应。

1.4.2.3 鲁棒半定规划

鲁棒半定规划是应对数据不确定集合为简单椭圆情况下的一种严格非线性规划，可以将不确定半定规划问题的近似鲁棒对应转化为一个确定的半定规划问题。

1.4.3 随机规划模型

随机规划模型指含有随机变量的优化模型，其最优解不是一个确定值而是一个期望值。在随机规划模型中需要对随机变量进行随机描述、分析概率分布及考虑各变量之间的关系，相比确定性描述更加复杂。随机规划大致可以分三类：分布问题、二阶段有补偿问题、概率约束规划。

1.4.3.1 分布问题

分布问题的一般形式如下

$$z(w) = \min f[x, \zeta(w)]$$
$$s.t \quad x \in \Gamma[\zeta(w)] \tag{1-30}$$
$$x \in X \in R^n$$

式中　ζ——随机变量；

　　　Γ——点到集合的映射；

　　　X——ζ 与无关变量的集合。

若 $\Gamma[\zeta(w)]$ 用函数情况给出，则产生分布问题如下

$$\min \quad f[x, \zeta(w)]$$
$$s.t \quad g[x, \zeta(w)] \leqslant 0, i = 1, \cdots, m$$
$$h_i[x, \zeta(w)] = 0, j = 1, \cdots, h \tag{1-31}$$
$$x \in X \in R^n$$

1.4.3.2　二阶段有补偿问题

当约束条件含有随机变量且在观察到随机变量之前就需要做决策，会涉及二阶段有补偿问题，这类问题一般可以归纳为：假定先选择 x，涉及观察到随机变量的实现，再选择 y，最后真正选定最优解 $\bar{x}$，即第一阶段选择 x，第二阶段选择 y。

第一阶段，由于未知 $A(w)$、$b(w)$，适当考虑其期望值 $EQ(x, w)$

$$\min \quad cx + EQ(x, w)$$
$$s.t \quad Ex = f, \quad x \geqslant 0 \tag{1-32}$$

第二阶段时，在给定 x、$A(w)$、$b(w)$ 条件下，y 应该满足的规划问题如下

$$Q(x, w) = \min \quad q(w)y$$
$$s.t \quad W(w)y = b(w) - A(w)x \tag{1-33}$$
$$y \geqslant 0$$

1.4.3.3　概率约束规划

当约束条件含有随机变量且在观察到随机变量之前必须做出决策时，会产生概率约束规划问题，常用的多概率约束问题一般表示如下

$$\min f(x)$$
$$s.t \quad P\{g_i[x, \zeta(w)] \geqslant 0, i = 1, \cdots, m\} \geqslant a \tag{1-34}$$

式中　$\zeta(w)$——随机变量；

　　　x——决策变量。

1.5　系统动力学模型及其应用

系统动力学（system dynamics，SD）是以反馈控制理论作为基础，运用计算机仿真模拟对较为复杂的经济、社会及环境系统的行为与关系进行研究的方法。SD 模型针对高阶、非线性和多反馈的复杂时变系统问题，定量分析各种复杂系统的结构和功能。SD 模型包括因果反馈图、流程图与一阶微分方程式，通过一阶微分方程组来反映系统内变量之间的因果反馈。

流程图用于描述某个时刻系统内各个变量之间存在的因果关系。随着 SD 的发展，可采用 Vensim 软件构建系统模型并绘制相应的流程图。对于 SD 模型，首先需要明确系统界限，通过子系统的分类分析各个系统之间的作用机理，以及子系统对于总系统的影响，形成系统内因果环路图。图 1-3 中，对于系统中的因子 A 和 B，若 A 增加会造成 B 增加，则因子 A 与 B 之间存在正因果关系，连接两个因子之间的线条用 "+" 号表示，为正键。若因子 A 与 B 之间为反向变换关系，则此时两个因子之间为负因果关系。因果关系仅为逻辑关系，对于两个因子之间的函数方程没有特别意义。

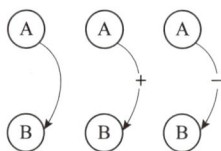

图 1-3　系统动力学因果关系图

反馈回路为基于变量之间的因果类别构建的闭合回路。图 1-4 中左图为正反馈回路，图中因子 A 增加造成 B 增加，而后导致 C 减少，系统反馈至因子 A 的增量更多，此时系统为不断增强的系统。图 1-4 中右图为负反馈回路，因子 A 增加造成因子 B 增加，进而导致因子 C 减少，通过系统反馈回路得到 A 最终减少，具备自我调节的能力。

SD 模型中含有五类变量：状态变量、速率变量、辅助变量、外生变量和常量。状态变量在系统中发挥累积作用，可称之为累积变量，由速率变量

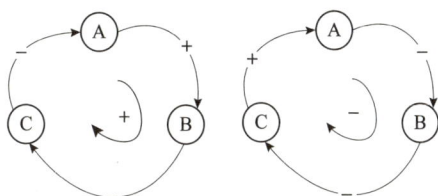

图 1-4 系统动力学因果反馈环

决定，是 SD 模型的关键；速率变量由当前时刻的状态变量与辅助变量同时决定，用于描述系统活动；辅助变量接受状态变量的信息，帮助连接速率变量和状态变量；外生变量由系统外界因素决定；常量一般指一些决策参数，可以依据宏观政策或经济环境设定，是不变的常数。

系统动力学的研究步骤如下。

（1）确定系统边界和子系统，在系统设定的基础上对系统需要的数据进行收集与统计分析，明确建立 SD 模型的关键人物。

（2）设定系统状态变量、速率变量、辅助变量、外生变量和常量，对系统反馈机理进行分析。

（3）分析变量间的相互关系，对系统的反馈关系进行表述，绘制 SD 因果回路图，利用 Vensim 软件确定 SD 方程，并进行变量初始值赋值。

（4）运行程序，检验模型的准确性，判断误差值大小。若运行不理想，需对 SD 模型进行检查更正，并适当调整常数变量，检查状态变量的变化，优化 SD 模型的稳定性。

（5）依据问题研究导向，参照宏观发展战略目标，基于 SD 模型的运行结果，提出相对应的发展建议或优化方案。

第 2 章
新能源对电力现货市场的影响分析

　　推动建设以可再生能源为主导的清洁低碳、安全高效的能源体系，是我国应对日益严峻的能源匮乏和环境问题的关键举措。我国高比例可再生能源并网的电力系统特征逐渐凸显，电力市场建设正在从中长期电量交易市场逐步过渡至现货市场。研究以风能、太阳能为典型代表的新能源对电力现货市场交易的影响，对深入理解现货市场的运行机理、开展市场成熟度评估工作有着重要借鉴意义，为厘清电力现货市场电价变化规律、开展电力现货市场交易优化研究奠定基础。

2.1 新能源对电力现货市场的影响分析模型

2.1.1 基于统计数据的影响分析

皮尔逊相关系数是一种度量两个变量间相关程度的方法。皮尔逊相关系数是一个介于 1 和 –1 之间的值，其中，1 表示变量完全正相关，0 表示无关，–1 表示完全负相关。两个变量 (X,Y) 的皮尔森相关系数计算方法如下

$$P_{x,y} = \frac{\mathrm{cov}(X,Y)}{\sigma_X \sigma_Y} = \frac{E[(X-\mu_X)(Y-\mu_Y)]}{\sigma_X \sigma_Y}$$
$$= \frac{E(XY) - E(X)E(Y)}{\sqrt{E(X^2) - E^2(X)}\sqrt{E(Y^2) - E^2(Y)}} \tag{2-1}$$

$P_{x,y}$ 的大小反映了 Y 与 X 线性相关程度的高低，取值范围为 $[-1,1]$，并有以下结论：

（1）当 $|P_{x,y}| \to 1$，Y 与 X 相关性越强。

（2）当 $|P_{x,y}| \to 0$，Y 与 X 相关性越弱，或非线性相关，甚至不相关。

2.1.2 基于小波变换与分形理论的特征表示

2.1.2.1 小波变换

小波变换自 1982 年被首次提出后，被广泛应用于信号处理。

$$C_t = \int_R \frac{|\psi(t)|^2}{|t|} \mathrm{d}t < \infty \tag{2-2}$$

$\psi(t)$ 为基本小波或小波线函数，式（2-2）为小波函数的准许条件，选取紧支集且具有正则性的函数作为小波母函数，这种函数选择方法使得小波函数具备较为优越的时频局部性。

将 $L^2(R)$ 空间中的函数 $f(t)$ 进行连续小波变换，即将函数在 $f(t)$ 小波基下展开，具体操作方法如下

$$WT_f(\alpha,\tau) = [f(t), \psi_{\alpha,\tau}(t)] = \frac{1}{\sqrt{\alpha}} \int_R f(t)\psi^* \left(\frac{t-\tau}{\alpha} \right) \mathrm{d}t \tag{2-3}$$

小波基共有 a 和 τ 两个参数，a 为尺度因子，τ 为平移因子，其中 $WT_f(a,\tau)$ 为小波变换的系数。

实际应用中，可以将参数 a 和 τ 转换为离散小波变换，有效消除小波系数中的数据冗余度，减小计算量。尺度的离散化较常采用的方法是幂级数离散化，即 $a = a_0^m$，$a_0 > 0$，对应的小波变换函数如下

$$\alpha_0^{-\frac{j}{2}} \psi[\alpha_0^{-j}(t - \tau)], j = 0,1,2\cdots \qquad (2\text{-}4)$$

在时间尺度为 j 时，由于 $\psi(a_0^{-j}t)$ 的宽度变为原来的 a_0^{-j} 倍，因此可以在不造成信息损失的条件下将小波变换的位移间隔扩大，对应的小波变换函数如下

$$\alpha_0^{-\frac{j}{2}} \psi[\alpha_0^{-j}t - k\tau_0] \qquad (2\text{-}5)$$

离散小波变换表达式如下

$$WT_f(\alpha_0^j, k\tau_0) \int f(t) \psi^*_{\alpha_0^j, k\tau_0}(t)dt, j = 0,1,2,\cdots, k \in Z \qquad (2\text{-}6)$$

2.1.2.2 分形理论

分形的定义为极其不规则、具有自相似结构且非整数数据点的集合。在大自然中常见的具有不规则形体的物体均称为分形，其部分与整体具有一定的相似性，图 2-1 即为应用分形理论通过 Matlab 编程绘制而成的蕨菜叶。

分形理论出现于 20 世纪 80 年代，近年来逐步被应用到特征提取中，尤其是对于非线性时间序列，利用分形理论得到的分维数作为特征矢量。分维数指的是空间的可扩展程度。分维数不一定为整数，也可以用分数来表示，解的空间为实数域。分维数的类型有多种，包括相似位数、盒维数、关系维数等，其中关系维数尤其适用于一维时间序列。分形理论常用于利用欧式距离难以解决的长度问题，以及具有自相似性的图像或结构。分形理论是当前针对非线性时间序列特征分析的有效方法，能够揭示出复杂系统中时间序列数据变化的内在规律，对新能源参与的电力现货市场电价序列有较强的适用性。

考虑到电价时间序列数据的非线性、波动性与复杂性，本书采取组合特

图 2-1　Matlab 编程绘制的蕨菜图片

征提取方法的组合。将通过分形理论得到的一个非线性参数，与上文通过小波变化提取得到的特征向量合并，共同构成新能源参与的电力现货市场特征向量，将收集到的历史数据进行分类，更好地提取时间序列数据的特征。这种多类特征提取方法的组合模式将更好地完成本书特征提取的目的，弥补单一特征提取方法的不足。

2.1.3　基于 SVM 的特征因素分类

特征向量对时间序列特征刻画的准确性，可依据分类准确率进行验证。在验证过程中，首先基于小波变换与分形理论组合特征提取策略得到全部特征值，而后采取 SVM 分类器将分割得到的短序列进行分类。

SVM 的实质为二分类模型，模型定义为特征空间上间隔最大的线性分类器，采取间隔最大化的学习策略，将问题转化为凸二次规划问题。SVM 分类器的训练结果是找到一个超平面，将不同的样本区分开，利用核函数把平面投射成曲面，提高 SVM 的适用范围，具有两个特征的二分类结果如图 2-2 所示。SVM 算法基于 VC 维与结构风险最小原则，具有良好的泛化能力，避免"维数灾难"和"过拟合"问题，对于数据挖掘、模式识别问题是一种高效的机器学习工具。

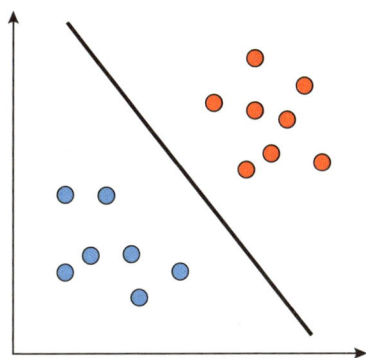

图 2-2   SVM 分类器二分类结果

2.1.4 基于因子分析的特征提取

特征提取也可以称之为特征降维，是机器学习中一种有效的方法。特征提取与特征选择不同，特征提取是概括和总结数据的特征，而特征选择主要是对数据中的不同特征进行比较和选取。当一个复杂的数据集被降维到低维空间时，数据可以被更加有效地观测，增强可视化程度。本书在研究新能源对电力现货市场的影响时，采用因子分析法方法。

因子分析是一种变量简化技术，从分析多个原始变量的相关关系入手，主要是研究多个变量的相关矩阵，找出支配相关关系的有限个潜在变量，达到用少数变量来解释复杂问题的目的。因子分析跟主成分分析有联系也有区别，从方法学原理上看，因子分析可以看作是主成分分析的推广。

因子分析算法的具体步骤如下。

步骤 1，将原始数据标准化，以消除变量之间在数量级和量纲上的不同。

步骤 2，求标准化数据的相关矩阵，即标准化数据的协方差矩阵。

步骤 3，求相关矩阵的特征值和特征向量。

步骤 4，计算方差贡献率与累计方差贡献率。

步骤 5，确定因子：设 $F_1, F_2, \cdots, F_p$ 为 p 个公因子，其中前 m 个因子的总信息量（方差贡献度）不低于 80% 时，可提取前 m 个因子来反映原评价对象。

步骤 6，因子旋转：若所获得的 m 个因子无法确定或其实际意义不明显，这时需将因子进行旋转以获得较为明显的实际意义。

步骤 7，用原指标的线性组合来计算各因子得分：采用回归估计法、Bartlett 估计法计算因子得分。

步骤 8，综合得分：以旋转前或旋转后各因子的方差贡献率 $\omega_i(i = 1,2,\cdots,m)$ 为权重，由各因子的线性组合得到综合评价指标函数，公式如下

$$F = \frac{\lambda_1 F_1 + \lambda_2 F_2 + \cdots + \lambda_m F_m}{\lambda_1 + \lambda_2 + \cdots + \lambda_m} = \sum_{i=1}^{m} \omega_i F_i \qquad （2\text{-}7）$$

式中　$\lambda_i, i = 1,2,\cdots,m$——相关系数矩阵的特征根。

步骤 9，得分排序：利用总得分得到得分名次。

2.1.5 影响分析模型框架与流程

本章构建的新能源对电力现货市场的影响分析模型，从三个维度进行具体分析，包括基于数据统计的相关性分析，即简单相关性分析，以检验多个因素对于电力现货市场电价的影响；基于全部特征的相关性分析，主要包括基于小波变换分析与分形理论的时间序列特征提取策略、基于 SVM 线性分类器检验所提取特征的分类准确性，论证特征表示方法对于新能源参与的电力现货市场电价多因素分析的有效性；基于关键特征的相关性分析，主要基于因子分析方法提取时间序列数据的关键特征，得到能够最大程度上刻画时间序列特征的关键因素，判别新能源参与是否对电力现货市场电价存在影响。文中分析模型步骤如图 2-3 所示。

文中所提出的影响分析模型可分为三个模块。

模块 1：基于数据的相关性分析。具体为基于数据统计特性，将初步得到的电价影响因素的时间序列输入，计算不同因素与电价间的相关系数，得到初步的影响分析结果。

模块 2：基于组合时间序列特征提取策略的全部特征影响分析。采用小波变换分析与分形理论组合特征提取策略，提取多维时间序列的特征值并进行重组，得到时间序列的特征向量。而后采用线性支持向量机（SVM）分

```
                    新能源对电力现货
                    市场的影响分析

   基于统计数据          基于全部特征          基于关键特征
   的相关性分析          的相关性分析          的相关性分析

   计算电价与其他因素    小波变换    分形理论      因子分析
   的皮尔森关联系数

   确定关键影响因素         生成特征向量         主成分提取

              SVM          特征向量
            分类器校验      有效性验证

                       因素相关性
                       分析结果
```

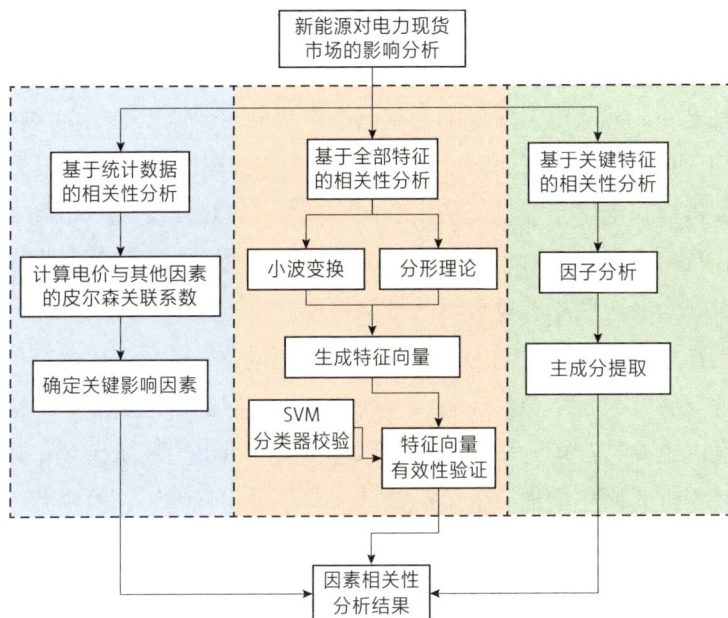

图 2-3　影响分析模型框架

类器对研究样本进行分类，以此来检验特征向量对于提取电力现货市场电价关键因素的有效性。基于特征提取并对时间序列进行分析是行之有效的重要思路。

　　模块 3：基于因子分析降维的关键特征影响分析。模块 2 为基于全部提取特征的影响分析，全部特征分析得到的结果相对粗糙。因此，模块 3 中主要采取因子分析的方法，提取电力现货市场电价序列的关键影响因素，提取得到的关键特征能够较为准确地将价格重要影响因素刻画出来。

2.2　新能源对电力现货市场电价影响的实证分析

2.2.1　数据收集

　　北欧为首个跨国的区域电力市场，市场运行相对平稳，交易机制较为完善。同时，资源与负荷分布呈现明显的不均衡现象，价格竞争力强的水电主要集中在北部的挪威和瑞典，价格高昂的火电主要分布在南部的芬兰和丹麦，电量充裕的北部地区负荷较低，资源与负荷逆向分布这一特点与我国类似。除此之外，北欧电力交易中心与调度机构分离，调度机构为电网企业的职能部门，电力交易中心负责市场运营，这与我国的现有机构设置较为相近，调度机构归电网企业，交易中心相对独立。北欧电力现货市场主要由日前市场、日内市场与实时市场构成，研究北欧电力市场对我国区域电力现货市场建设、新能源利用有着积极的借鉴作用。

丹麦作为全球能效最高的国家之一，也是风力发电量占比最高的国家。丹麦大力发展电力跨境交易市场，有效地从市场层面促进新能源消纳。丹麦的风力发电也参与市场竞争，高比例风电渗透使得电力现货市场中丹麦地区出现低峰电价的概率增加，电价的波动性与不确定性增强，给现货市场电价预测带来困难。

本书收集北欧电力市场中丹麦（the Kingdom of Denmark，DK）两个区域（DK1、DK2）的实际运行数据进行分析，采用 2020 年 1 月 1 日—12 月 31 日间电力现货市场数据。历史数据包括电力负荷实际值与预测值、电力消费实际值与预测值、发电量实际值与预测值、风力发电量与预测值、光伏发电量与预测值、实时电价等多个因素，共计 11 条时间序列，采样间隔为 1 小时。除基于历史数据得到的 11 条时间序列，还将电力负荷预测误差、电力消费预测误差、发电量预测误差、风力发电量预测误差、光伏发电预测误差、风力发电占比（风能与发电量的比值）、光伏发电占比（光伏发电力量与发电量的比值）、风荷比（风能与负荷的比值）、光荷比（光伏发电与负荷的比值）等作为衍生因素，考虑至新能源对电力现货市场电价的影响中。本书收集的时间序列数据共计 18 条，由于原始数据为公开数据，本书不再提供。

为方便描述，将电力负荷记为 L，负荷预测值与负荷预测误差记为 L_f、L_e。为区分丹麦 DK1 与 DK2 地区，将其分别标注为 L_e^{DK1}、L_e^{DK2}；电力消费量为 C，预测值与预测误差为 C_f、C_e，两区域预测误差分别用 C_e^{DK1}、C_e^{DK2} 表示；发电量为 P，预测值为 P_f，预测误差为 P_e，两区域预测误差分别用 P_e^{DK1}、P_e^{DK2} 表示；风力发电量为 W，预测值为 W_f，预测误差为 W_e，两区域的预测误差分别用 W_e^{DK1}、W_e^{DK2} 表示；光伏发电量为 S，预测值为 S_f，预测

误差为 S_e，两区域的预测误差分别用 S_e^{DK1}、S_e^{DK2} 表示；风力发电量占比为 RW，两区域风力发电量占比分别用 RW_P^{DK1}、RW_P^{DK2} 表示；光伏发电量占比为 RS，两区域光伏发电量占比分别用 RS_P^{DK1}、RS_P^{DK2} 表示；风荷比为 WL，两区域风荷比分别为 WL_P^{DK1}、WL_P^{DK2}；光荷比为 SL，两区域光荷比分别为 SL_P^{DK1}、SL_P^{DK2}；实时电价记为 EP，两区域电价分别用 EP^{DK1}、EP^{DK2} 表示。

图 2-4、图 2-5 分别为丹麦 DK1、DK2 地区在 2020 年 9 月 1 日的实时电价，可看出电价均具有双峰特点。为简要分析电价时间序列与用电负荷的关联性，以 2020 年 9 月 1 日为例，绘制当日电价与负荷情况如图 2-6 所示。依据图中电价与负荷分布情况，负荷高峰时出现尖峰电价，负荷上涨时电价同步增长，但低峰电价出现时，所对应的负荷情况变化较小，说明在高比例新能源并网情况下，仅考虑负荷难以准确表达电力现货市场电价波动。需要深入分析新能源参与对于现货电价的影响，为后续研究现货市场电价预测、市场交易优化等问题提供有力支撑。

对全年电价数据进行统计分析，得到包括极大值、极小值、均值。变异系数在内的一系列统计特性，具体见表 2-1。变异系数为离散程度指标，历史电价的变异系数均高于 0.5，说明现货市场电价具有高变异的特点。

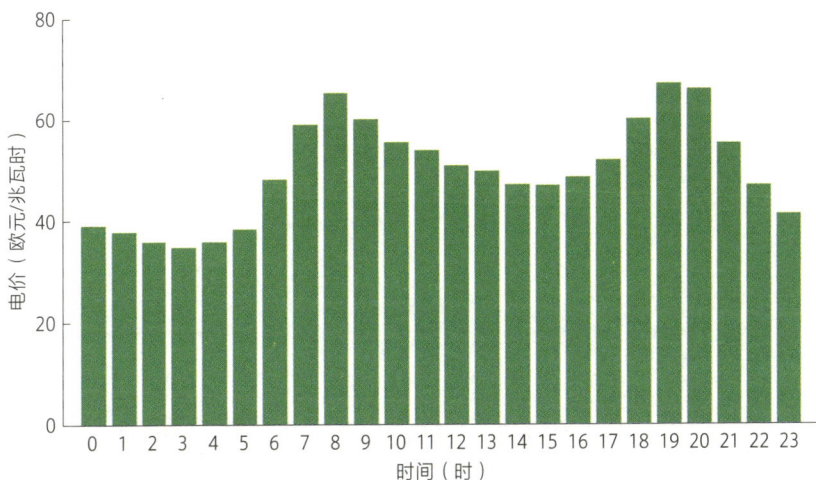

图 2-4　2020 年 9 月 1 日 DK1 地区电价

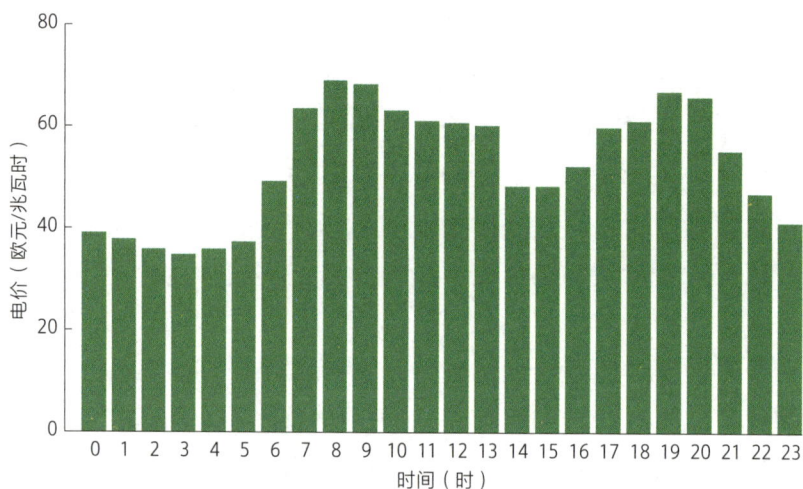

图 2-5　2020 年 9 月 1 日 DK2 地区电价

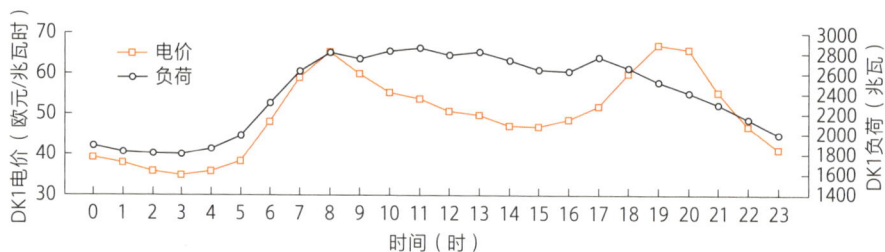

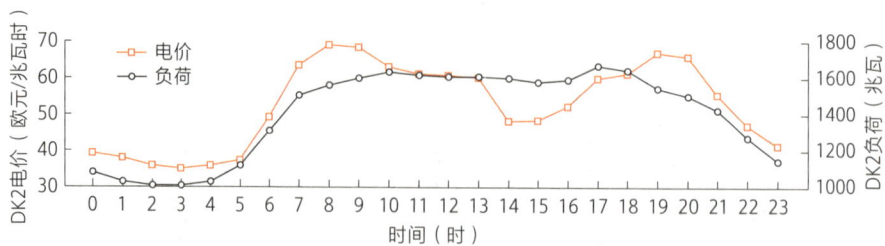

图 2-6　2020 年 9 月 1 日 DK1、DK2 地区电价与负荷

表 2-1   历史电价统计特性

| 时刻 | 电价（欧元／兆瓦时） | | | | | | | | | |
| | 极大值 | | 极小值 | | 均值 | | 标准差 | | 变异系数 | |
	DK1	DK2	DK1	DK2	DK1	DK2	DK1	DK2	DK1	DK2
00:00	50.12	50.12	−6.87	−4.97	19.47	20.10	12.76	11.84	0.66	0.59
01:00	46.30	46.30	−12.45	−9.99	17.67	18.17	11.81	11.08	0.67	0.61
02:00	45.10	45.10	−13.38	−11.02	16.64	17.13	11.50	10.66	0.69	0.62
03:00	43.42	43.42	−19.09	−13.76	15.96	16.52	11.38	10.33	0.71	0.63
04:00	44.56	44.56	−17.60	−7.98	16.63	17.20	11.07	10.29	0.67	0.60
05:00	47.49	47.49	−22.16	−6.83	18.84	19.46	11.71	10.87	0.62	0.56
06:00	59.98	70.50	−33.58	−11.63	23.90	26.00	14.72	14.51	0.62	0.56
07:00	83.67	200.00	−29.90	−12.00	29.99	34.22	17.94	20.52	0.60	0.60
08:00	105.46	254.44	−19.79	−6.87	32.8	38.49	20.18	26.43	0.62	0.69
09:00	105.42	150.08	−14.54	−5.00	30.52	35.65	18.73	22.44	0.61	0.63
10:00	100.06	137.44	−19.84	−5.09	27.81	33.17	17.86	20.87	0.64	0.63
11:00	95.19	134.58	−26.93	−15.02	23.38	31.96	17.59	20.82	0.75	0.65
12:00	86.82	143.53	−34.73	−25.00	24.50	30.66	17.25	20.92	0.70	0.68
13:00	93.10	134.34	−58.80	−33.59	22.86	29.05	17.86	20.65	0.78	0.71
14:00	90.00	100.00	−49.94	−42.70	22.05	27.73	17.95	19.95	0.81	0.72
15:00	89.83	186.68	−55.77	−42.10	22.77	28.44	18.39	21.81	0.81	0.77
16:00	105.40	196.64	−47.00	−30.04	25.00	30.95	18.52	23.65	0.74	0.76
17:00	114.00	238.96	−35.83	−7.26	30.58	37.01	19.69	26.71	0.64	0.72
18:00	130.59	197.40	−4.44	−1.77	33.72	38.32	18.89	20.30	0.56	0.53
19:00	200.04	200.04	0.08	1.31	35.21	38.71	22.68	21.62	0.64	0.56
20:00	148.18	148.18	−0.57	1.38	31.34	34.00	18.53	17.33	0.59	0.51
21:00	77.68	77.68	−0.80	1.36	27.92	29.94	15.26	14.14	0.55	0.47
22:00	63.44	63.44	0.00	0.00	25.51	26.69	13.94	13.27	0.55	0.50
23:00	52.26	52.26	−11.16	−7.90	21.69	22.40	12.49	11.94	0.58	0.53
全天	200.04	254.44	−58.80	−42.66	24.98	28.4118	17.43	19.72	0.70	0.69

2.2.2 基于统计数据的影响分析

为验证不同潜在影响因素与现货市场电价之间的关联性，分别将丹麦 DK1、DK2 地区的 2020 年 1 月 1 日—12 月 31 日的历史数据导入至 SPSS 软件中，对不同因素与电价进行双因素相关性分析，得到不同影响因素与价格的皮尔森关联系数如表 2-2 所示。由于丹麦地区光伏发电装机容量较小，受季节影响较大，在使用全年时段数据分析新能源对电力现货市场电价影响时，仅考虑风力发电数据。

以往的研究证实，对电价影响较大的因素是电力负荷，通过表 2-2 中皮尔森相关系数的判别，证实负荷分布及其预测值对丹麦地区电力现货市场电价的确呈现正相关。但风力发电相关数据的皮尔森系数，证实新能源发电对于电价的影响更为显著。为对比现货市场电价与负荷、风能之间的关系，本书引入风力发电占比（1 小时内风力发电量占系统总发电量的比值）、风荷比（风能与负荷的比值），计算得到 DK1 地区风力发电预测误差与电价的相关

表 2-2　　多个因素与电力现货市场电价的关联性分析结果

影响因素	DK1	DK2
负荷（L）	0.335	0.396
负荷预测值（L_f）	0.335	0.398
负荷预测误差（L_e）	0.347	−0.002
电力消费量（C）	0.121	0.400
电力消费量预测值（C_f）	0.084	0.398
电力消费量预测误差（C_e）	0.394	−0.032
发电量（P）	−0.138	−0.172
发电量预测值（P_f）	0.160	0.248
发电量预测误差（P_e）	−0.183	−0.430
风力发电量（W）	−0.212	−0.420
风力发电量预测值（W_f）	−0.208	−0.437
风力发电量预测误差（W_e）	0.525	0.570
风力发电量占比（RW）	−0.924	−0.576
风荷比（WL）	−0.664	−0.600

系数为 0.525，风力发电量占比与电价为负相关，相关系数高达 −0.924，风荷比与电价同样呈现负相关，相关系数为 −0.664。说明 DK1 地区的风能预测误差、发电量占比与风荷比对电价影响更大。除此之外，电力系统负荷、负荷预测值与预测误差，电力消费量预测误差与电价的相关性也相对较高。

DK2 地区对电价影响较大的因素是风力发电量预测误差、风力发电量占比与风荷比，相关系数均高于 0.5。除此之外，电力系统负荷、负荷预测值电力消费量、电力消费量预测值、发电量预测误差、风力发电量与风力发电量预测值也对 DK2 地区的电价存在一定的影响，这些因素与电价的相关系数均在 0.4 上下浮动。值得注意的是，风力发电量占比这一因素对于 DK1 地区的现货市场电价存在显著影响，相关系数为 −0.924，即现货市场中风能占比越高，对电价的负影响越强，而这一因素在 DK2 地区对电价的影响表现较弱，其深层原因可能是由于 DK2 地区风力发电装机比例较 DK1 地区低，新能源渗透率也同步小于 DK2 地区。

2.2.3 基于全部特征的影响分析

2.2.3.1 时间序列特征提取

为进一步研究新能源发电对于电力现货市场电价的影响，考虑到太阳能发电的季节性，本小节从 2020 年全年历史数据中筛选出光伏发电功率大发期，即选择太阳能资源相对丰富的 2020 年 8 月 1 日—9 月 1 日作为研究对象，进行新能源对电力现货市场电价影响的对比性分析。分别将 DK1 地区、DK2 地区所属的各 18 条时间序列以日为时间尺度，按照因素分为六类：负荷序列（实际负荷、预测负荷与预测误差序列，Load）、电力消费序列（实际消费、预测消费与预测误差序列，EC）、系统发电量序列（实际发电量、预测发电量与预测误差序列，EP）、新能源发电量序列（包括风力实际发电量序列、光伏实际发电量序列预测序列，NP）、新能源发电预测误差序列（风力发电、光伏发电预测误差，NE）、新能源发电占比（风力发电占比与光伏发电占比 NR）和电价序列（Price），分别得到 DK1、DK2 地区 224 条较短的时间序列。

小波变换是时间与频率的局部变换，具有多分辨率分析的特点，在时域频域均具备表征信号局部特征的能力，本书利用小波分析变换特性，采取小波变换进行特征提取，分形维度选择盒维数法进行计算。两种方法计算得到的特征值共同构成历史数据的特征向量，以日为单位，利用小波变换与分形理论，经过大量计算，得到 DK1、DK2 地区历史数据特征值共计 4464 个。

2.2.3.2 特征表示方法有效性验证

本书使用线性 SVM 分类器对特征向量分类准确性进行检验。基于小波变换与分形理论得到 DK1、DK2 地区的特征值，分别对两地区各 224 条短序列按照因素进行分类，得到分类结果如图 2-7 和图 2-8 所示。

图 2-7 与图 2-8 均中采用绿色对分类正确区域着色，使用橙色对分类错误区域进行着色，矩阵左侧与下方为序列名称，上方与右侧分别为查准率与召回率。DK1、DK2 地区基于全部特征值分类结果的准确率较高，分别为 80.35%、82.30%，可认为本书构建的基于小波分析与分形理论特征值提取

查准率（%）

	NP	NE	NR	Load	Price	EC	EP	召回率（%）
	82.93	81.67	85.51	59.09	100	55.56	57.14	
NP	34	4	3	1	0	0	0	80.95
NE	3	49	3	2	0	1	1	83.05
NR	2	3	59	4	0	0	0	86.76
Load	0	3	4	13	0	1	2	56.52
Price	0	0	0	0	16	0	0	100
EC	2	0	0	0	2	5	0	55.56
EP	0	1	0	0	0	2	4	57.14

输出分类 / 目标分类

图 2-7　DK1 地区基于全部特征分类的混淆矩阵

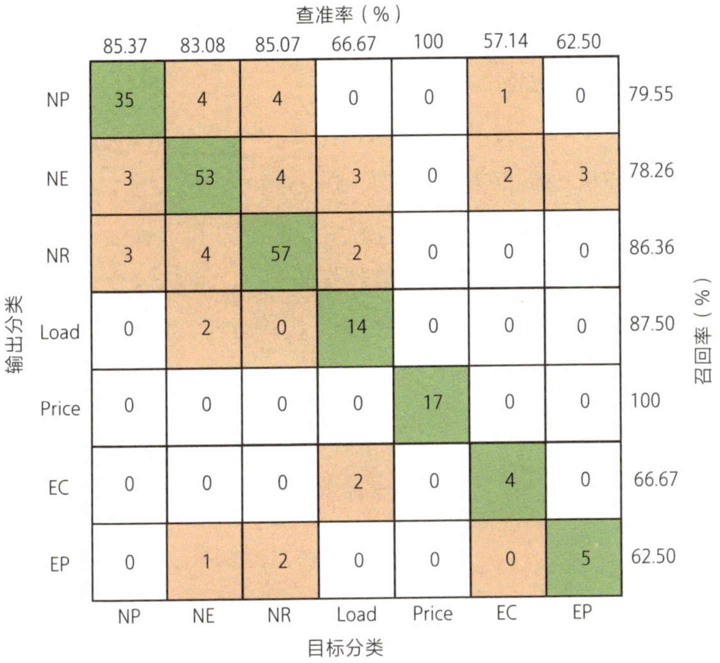

查准率（%）

	NP	NE	NR	Load	Price	EC	EP	
	85.37	83.08	85.07	66.67	100	57.14	62.50	
NP	35	4	4	0	0	1	0	79.55
NE	3	53	4	3	0	2	3	78.26
NR	3	4	57	2	0	0	0	86.36
Load	0	2	0	14	0	0	0	87.50
Price	0	0	0	0	17	0	0	100
EC	0	0	0	2	0	4	0	66.67
EP	0	1	2	0	0	0	5	62.50

输出分类（纵轴） 目标分类（横轴） 召回率（%）（右轴）

图 2-8 DK2 地区基于全部特征分类的混淆矩阵

策略，能够准确提取时间序列的数据特征，基本可以区分不同因素。基于电价序列的分类正确率为 100%，分类错误值较多集中在新能源发电序列、新能源预测误差序列与新能源发电量占比序列中，这与上文基于统计数据相关性分析的结果保持一致，即电力现货市场电价受到新能源发电相关因素的影响程度较高。

基于全部特征的新能源发电与电价的相关性分析中，未进行特征选择，仅通过全部特征向量进行分析，得出的结果相对粗糙。但通过分形理论与小波变换得到的时间序列全部特征，对刻画数据特征、后续预测电力现货市场电价有重要意义。从基于特征值的分类结果可以得到清晰结果：新能源发电相关因素对丹麦 DK1、DK2 地区电力现货市场实时电价的影响较强。

2.2.4 基于关键特征的影响分析

为进一步分析不同因素对电力现货市场电价的影响，本书通过因子分析方法筛选出最大程度上表征电力现货市场电价的因素。

2.2.4.1 关键特征提取

使用工具为 SPSS，因子分析模型中，选择 Kaiser-Meyer-Olkin（KMO）检验统计量来分析因素间相关系数，Bartlett's 球形检验。KMO 统计量处于 0～1 之间，当所有变量间的简单相关系数平方和远远大于偏相关系数平方和时，KMO 的值接近 1。KMO 值越接近于 1，意味着变量间的相关性越强；当所有变量间的简单相关系数平方和接近 0 时，KMO 值接近 0。KMO 值越接近于 0，意味着变量间的相关性越弱，原有变量越不适合作因子分析。常用的 KMO 度量标准如表 2-3 所示。

表 2-3　　　　　　　　　KMO 度量标准及含义

KMO 度量标准	> 0.9	0.8	0.7	0.6	< 0.5
含义	非常适合	适合	一般	不太适合	极不适合

Bartlett's 球形检验用于检验相关阵中各变量间的相关性，即检验各个变量是否各自独立。变量间彼此独立，则无法应用因子分析法。Bartlett's 球形检验判断如果相关阵是单位阵，则各变量独立，因子分析法无效。由 SPSS 检验结果显示 $Sig. < 0.5$（即 p 值 < 0.5）时，说明各变量间具有相关性，因子分析有效。

2.2.4.2 多因素关联性分析

为验证太阳能与风能发电的季节性影响因素，选择太阳能资源相对丰富的 2020 年 8 月 1 日—9 月 1 日，与风能资源较为丰富的 2020 年 12 月 1—31 日作为研究对象，进行新能源对电力现货市场电价影响的对比性分析。

因子分析中最大迭代次数设置为 100，抽取的因子数量为 7，分别将 DK1 和 DK2 地区电力现货市场历史数据输入。首先，分析公因子方差，公因子方差意味着每一个变量均可以采用公因子来表示，计算得到的数值越大，表明该变量可以被公因子表达地更好。一般"提取"数值大于 0.5 时表明该因素可被公因子表达，大于 0.7 时说明变量被够被公因子合理表达。表 2-4 中为计算得到的 DK1、DK2 地区公因子方差，DK1 地区除光伏发电功率预测误差这一变量之外，其余变量"提取"的值均大于 0.7，可认为变量被提取的因子表达效果较好；DK2 地区所有变量"提取"的值均大于 0.9，可认为变量被提取的因子表达效果非常好。

图 2-9 为提取因子后获得的 DK1、DK2 地区的碎石图。如图 2-9（a）所示，当抽取因子数量为 5 后，图中折线变得平缓，这说明仅通过前 3 个关键因子便可较好地表达多维时间序列的特征。DK2 地区，抽取因子数量设为 8，如图 2-9（b）所示，碎石图中的折线在前 3 个因子阶段斜率较高，在第 8 个因子后趋于平缓。

表 2-4　　　　　　　　　　DK1、DK2 地区公因子方差

影响因素	DK1 提取值	DK2 提取值
负荷（L）	0.998	1.000
负荷预测值（L_f）	0.999	1.000
负荷预测误差（L_e）	0.928	0.980
电力消费量（C）	0.997	1.000
电力消费量预测值（C_f）	0.998	1.000
电力消费量预测误差（C_e）	0.928	0.980
发电量（P）	0.984	0.996
发电量预测值（P_f）	0.894	0.993
发电量预测误差（P_e）	0.983	0.988
风力发电量（W）	0.992	0.987
风力发电量预测值（W_f）	0.994	0.990
风力发电量预测误差（W_e）	0.993	0.998
风力发电量占比（RW）	0.864	0.996
光伏发电量（S）	0.990	0.990
光伏发电量预测值（S_f）	0.924	1.000
光伏发电量预测误差（S_e）	0.631	1.000
光伏发电量占比（RS）	0.952	0.965

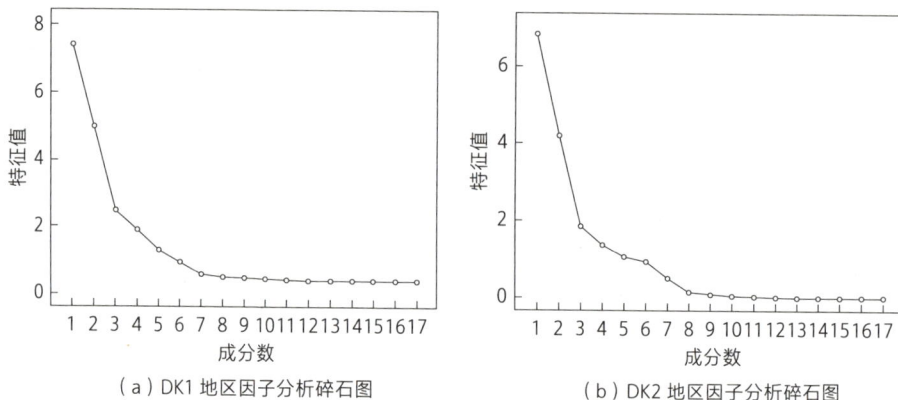

（a）DK1 地区因子分析碎石图 　　　　（b）DK2 地区因子分析碎石图

图 2-9　因子分析碎石图

表 2-5 中 DK1、DK2 地区解释的总方差数值，DK13 个关键因子的贡献率便可将变量表达至 80.325%，但前 5 个关键因子的整体表达效果更优，可将变量表达至 94.417%，前 7 个关键因子可将变量表达至 98.623%。DK2 地区前 3 个关键因子的贡献率可将变量表达至 75.69%，前 8 个关键因子可将变量表达至 99.126%。

表 2-5　　　　　　　　　　　　DK1、DK2 地区解释的总方差

序号	DK1		DK2	
	关键因子	累计解释方差（%）	关键因子	累计解释方差（%）
1	风力发电量	41.220	负荷	40.171
2	光伏发电量	68.167	风力发电量	64.824
3	负荷预测	80.325	光伏发电量占比	75.690
4	电力消费量预测误差	89.167	负荷预测误差	83.690
5	风力发电量预测误差	94.417	风力发电量预测误差	89.906
6	光伏发电量预测误差	97.621	光伏发电量预测误差	95.411
7	风力发电量占比	98.623	发电量预测	98.340
8	—	—	风力发电量占比	99.126

依据关键特征的相关性分析结果，重要程度位于前三的因素均与新能源发电有关，DK1 排名前三的因素分别为：风力发电量、光伏发电量与负荷预测值；DK2 地区分别为：负荷、风力发电量、光伏发电量占比。图 2-10 为 DK1、DK2 地区前三个主要成分因子在旋转空间中的示意图。

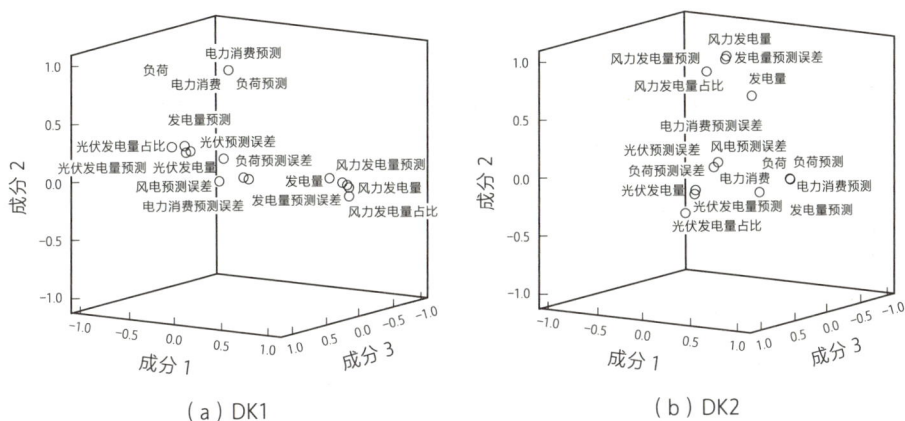

（a）DK1　　　　　　　　　　　（b）DK2

图 2-10　旋转空间中的成分图

由于本书获得的丹麦两个区域的电力现货市场历史数据中，新能源出力方面数据均为电量数据，因此，本书均采用发电量进行描述。事实上，风、光每小时发电量数据与实时发电功率密切相关，每小时发电量可通过发电功率数据进行计算，因此在开展电力现货市场交易研究时，需深入研究影响电力现货市场风险、成交电量、出清结果的新能源发电因素。新能源发电功率因其非平稳、间歇性与波动性，预测难度较高，本书拟在新能源发电功率预测的基础上，构建相应的电力现货市场电价预测模型并进行实例仿真，所提出的能源发电功率预测具有较强的适应性与较高的拟合精度，同样可应用于电力负荷预测与发电量预测等多个方面。

第3章

电力现货市场中新能源发电
功率预测与电价预测

基于第二章新能源参与对电力现货市场的影响分析结果，电力现货市场价格预测中新能源发电成为不可或缺的关键因素。新能源发电受自然环境的影响很大，具有间歇性和不确定性，增加了新能源发电功率预测的难度。

由于电网中新能源并网比例增加，电力系统中生产与消费之间的平衡被打破，使电价波动较大且难以预测。电价的波动会影响电力市场中资源的分配和流动，对市场参与者存在影响。提高电力现货市场中电价预测的准确性，可以有效帮助电力供需双侧间达到动态平衡，保障电力市场安全稳定运行。但是，由于高比例新能源渗透给电力现货市场带来的不确定性，电价序列的非线性和波动性特征更加明显，给电力现货市场中的电价预测带来困难。

3.1 基于 CEEMD-SE-HS-KELM 的新能源发电功率预测模型

3.1.1 CEEMD-SE 模型

新能源发电功率时间序列具有较强的随机性与波动性，对其进行预处理能够有效提高新能源发电功率的预测精度。常见的新能源发电功率功率混合预测模型是将数据预处理方法与人工智能预测模型进行组合，通过数据筛选、降维，减小数据冗余，或通过信号分解算法得到多组稳定分量，利用人工智能预测模型预测每个分量后再进行结果重构，得到最终预测结果。对新能源发电功率时间序列进行 CEEMD 计算，以降低序列的非平稳性，消除噪声，提高输入数据质量，但分解后会得到较多的子序列，增加预测的复杂程度。为解决这一现象，本书将在 CEEMD 方法分解电价时间序列后，采用 SE 理论进行子序列的归类重构，可有效减少计算量。现将 CEEMD 与 SE 方法的原理与计算方法介绍如下。

3.1.1.1 CEEMD

EMD 是一种针对信号分析的自适应数据挖掘方法，可将信号分解成有限个不同尺度的本征模态函数（Intrinsic Mode Function，IMF），即 IMF 分量和 1 个剩余分量。EMD 方法易产生模态混叠（the mode mixing problem）的严重缺陷。CEEMD 作为 EMD 算法的改进算法，利用噪声特性可以有效减弱这一现象的产生，其实现过程如下。

（1）向原始序列添加 N 组正、负白噪声。辅助噪声均值为 0，幅值系数 k 为常数的高斯白噪声 $n_i(t)(i=1,2,\cdots,N)$。当 N 取 100～300 时，值取 0.001～0.5 倍的信号标准差。

$$\begin{bmatrix} x_{i1}(t) \\ x_{i2}(t) \end{bmatrix} = \begin{bmatrix} 1 & 1 \\ 1 & -1 \end{bmatrix} \begin{bmatrix} x(t) \\ n_i(t) \end{bmatrix} \tag{3-1}$$

式中　　　　$x(t)$——原始信号；

　　　　　　$n_i(t)$——辅助白噪声；

$x_{i1}(t)$、$x_{i2}(t)$——添加噪声后的信号对。

（2）对得到的 $2N$ 个信号进行 EMD 分解，每一个信号得到一组 IMF 分量，记第 i 个信号的第 j 个 IMF 分量为 IMF_{ij}，将残余分量记为最后一个 IMF 分量。

（3）将对应的 IMF 分量进行平均运算，即得到原始序列 $x(t)$ 经 CEEMD 分解后的各阶段 IMF 分量如下

$$IMF_j = \frac{1}{2N} \sum_{i=1}^{2N} IMF_{ij} \tag{3-2}$$

式中　IMF_j——原始信号经 CEEMD 分解后得到的第 j 个 IMF。

3.1.1.2 SE

采用 CEEMD 分解后会得到 n 个子序列，计算规模较大，采用 SE 理论进行子序列的归类重构。SE 理论通过度量信号中产生新模式的概率大小来衡量时间序列复杂度，新模式产生的概率越大，序列的复杂性就越大。序列自我相似性就越高，样本熵的值越低；样本序列越复杂，样本熵值越大。

对于 N 个数据组成的时间序列 $\{x(n)\} = \{x(1), x(2), \cdots, x(N)\}$，样本熵的计算方法如下。

（1）按序号组成一组维数为 m 的向量序列，$X_m(1), \cdots, X_m(N-m+1)$，其中

$$X_m(i) = \left\{ x(i), x(i+1), \cdots, x(i+m-1) \right\}, 1 \leqslant i \leqslant N-m+1 \tag{3-3}$$

这些向量代表从第 i 点开始的 m 个连续的 x 值。

（2）定义向量 $X_m(i)$ 与 $X_m(j)$ 之间的距离 $d[X_m(i), X_m(j)]$ 为两者对应元素中的最大差值的绝对值，即

$$d\left[X_m(i), X_m(j) \right] = \max_{k=0, \cdots, m-1} \left[| x(i+k) - x(j+k) | \right] \tag{3-4}$$

（3）对于给定的 $X_m(i)$，统计 $X_m(i)$ 与 $X_m(j)$ 之间的距离小于等于 r 的 $j(1 \leqslant j \leqslant N-m, j \neq i)$ 的数目，并记作 B_i。对于 $1 \leqslant j \leqslant N-m$，定义如下

$$B_i^m(r) = \frac{1}{N-m-1} B_i \tag{3-5}$$

（4）$B^{(m)}(r)$ 定义如下

$$B^{(m)}(r) = \frac{1}{N-m} \sum_{i=1}^{N-m} B_i^m(r) \tag{3-6}$$

（5）增加维数到 $m+1$，计算 $X_{m+1}(i)$ 与 $X_{m+1}(j)(1 \leqslant j \leqslant N-m, j \neq i)$ 的距离小于等于 r 的个数，记为 A_i。$A_i^m(r)$ 定义如下

$$A_i^m(r) = \frac{1}{N-m-1} A_i \tag{3-7}$$

（6）$A^m(r)$ 定义如下

$$A^m(r) = \frac{1}{N-m} \sum_{i=1}^{N-m} A_i^m(r) \tag{3-8}$$

式中　$B^{(m)}(r)$——两个序列在相似容限 r 下匹配 m 个点的概率；

　　　$A^{(m)}(r)$——两个序列匹配 $m+1$ 个点的概率。

SE 定义为：

$$SamEn(m,r) = \lim_{N \to \infty} \left\{ -\ln \left[\frac{A^m(r)}{B^m(r)} \right] \right\} \tag{3-9}$$

当 N 为有限值时，可以采用下式进行估计：

$$SamEn(m,r,N) = -\ln \left[\frac{A^m(r)}{B^m(r)} \right] \tag{3-10}$$

3.1.2 HS-KELM 模型

3.1.2.1 HS

和声搜索（HS）算法是受到乐队中和声调调谐的启发提出的一种新型智能优化算法，具有全局寻优能力强、结构简单、参数较少等优点，在神经网络优化方面应用较为广泛。和声搜索算法的主要步骤包括初始化、产生新的和声、更新和声记忆库和算法终止条件判断，HS 算法的基本步骤如下。

（1）初始化。

设置参数。参数包括和声记忆库大小（HMS）、和声记忆保留概率（HMCR）、记忆扰动概率（PAR）和微调带宽（BW）。

1）HMS：每个乐器演奏的音乐具有一定的范围，通过每个乐器的音乐演奏范围来构造一个解空间，然后通过这个解空间来随机产生一个和声记忆库。

2）HMCR：需要通过一定的概率来从这个和声记忆库中取一组和声，并且对这组和声进行微调，得到一个组新的和声，然后对这组新和声进行判别是否优于和声记忆库中最差的和声，需要随机产生一个记忆库取值概率。

3）PAR：以一定的概率来在和声记忆库中选取一组和声，进行微调。

4）BW：从记忆库中取出的一组和声以一定的概率进行微调，指调整幅度。

一个 D 维向量 $X_i=(x_{i1}, x_{i2}, \cdots, x_{id}, \cdots, x_{iD})$ 表示一个和声向量。X_i 表示和声记忆（harmony memory，HM）的第 i 个向量，每一维的计算公式如下

$$X_{i,d} = x_{\min,d} + (x_{\max,d} - x_{\min,d}) \times rand(i,d) \qquad (3\text{-}11)$$

式中　　　d——$d \in [1,D]$ 且 $i \in [1,HMS]$；

$rand(i,d)$——[0,1] 范围均匀分布的随机数；

$x_{\min,d}$——每一维变量的搜索范围的下界；

$x_{\max,d}$——每一维变量的搜索范围的上界。

（2）改进一个和声。

产生一个新的和声向量 X_{new}，新的和声向量的每一维由以下两个公式产生。

$$X_{new,d} = \begin{cases} X_{i,d} & if\ r_1 < HCMR \\ X_{new,d} & otherwise \end{cases} \qquad (3\text{-}12)$$

$$X_{new,d} = \begin{cases} X_{i,d} \pm rand(\ ) \times bw_d & if\ r_2 < PAR \\ X_{\min,d} + (X_{\max,d} - X_{\min,d}) \times rand(i,d) & otherwise \end{cases} \qquad (3\text{-}13)$$

式中　$X_{i,d}$——从 HMS 中随机选择；

bw_d——bw 的 d 维；

r_1、r_2——[0,1] 区间内均匀分布的随机数。

（3）更新和声记忆库。

利用目标函数对产生的新和声进行评估，如果新的和声 X_{new} 优于和声记忆库中最差的和声，选择用新的和声替换掉和声记忆库中最差的和声。

（4）终止条件判断。

判断算法是否满足终止条件，算法输出最好的和声向量，否则回到步骤（2）。

3.1.2.2 KELM

单隐含层前馈神经网络（SLFN）以其良好的学习能力在许多领域得到了广泛应用。传统的学习算法存在一些不足，主要有训练速度慢、易陷入局部极小点等缺点。ELM 正是基于 SLFN 提出的新算法，该算法随机产生输入层与隐含层间的连接权值及隐含层神经元的阈值，在训练中只需设置隐含层神经元的个数，便可以得到唯一的全局最优解，具有学习速度快、泛化性能好等优点。极限学习机的网络结构如图 3-1 所示。

图 3-1 中，ω_{ij} 为输入层与隐含层间的连接权值，v_l 为隐含层的阈值，为随机生成，β_{ij} 为隐含层与输出层间的连接权值。

对于一个含有 n 个输入神经元、l 个隐含层神经元和 m 个输出层神经元的单隐含层神经网络，给定 Q 个样本 (x_i, t_i)，输入数据量为 $x_i = [x_{i1}, x_{i2}, \cdots, x_{im}]^T$，期望输出量为 $t_i = [t_{i1}, t_{i2}, \cdots, t_{im}]^T$，ELM 网络的输出如下

$$y_j = \sum_{i=1}^{l} \beta_i \sigma_i(\omega_i x_j + v_j), j = 1, 2, \cdots, Q \tag{3-14}$$

式中 σ_i——激活函数。

$$H_{\omega,v,x}\beta = T, \beta = \begin{bmatrix} \beta_1^T \\ \vdots \\ \beta_l^T \end{bmatrix}, T = \begin{bmatrix} t_1^T \\ \vdots \\ t_m^T \end{bmatrix} \tag{3-15}$$

式中 T——期望输出向量；

$H_{\omega,v,x}$——隐含层的输出矩阵，可表示为

$$H_{\omega,v,x} = \begin{bmatrix} \sigma(\omega_1 x_1 + v_1) & \cdots & \sigma(\omega_l x_1 + v_l) \\ \vdots & \ddots & \vdots \\ \sigma(\omega_1 x_Q + v_1) & \cdots & \sigma(\omega_l x_Q + v_l) \end{bmatrix} \tag{3-16}$$

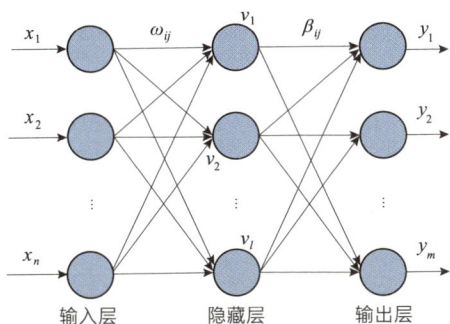

图 3-1　ELM 模型

借助摩尔·彭罗斯广义逆来计算解：

$$\beta^* = H^+ T \qquad (3\text{-}17)$$

在 ELM 基础上，Hibert-Huang 将核学习和 ELM 结合，以核映射代替 ELM 中的随机映射，提出核极限学习机（kernel based extreme learning machine，KELM）算法。该方法通过引入核函数来获得更好的应用潜力。

核函数的定义为：X 为输入空间，H 为特征空间，如果存在一个从 X 到 H 的映射 $\varphi(x): X \to H$，使得对所有的 $x, y \in X$，函数 $K(x, y) = \varphi(x) \cdot \varphi(y)$，则称 $K(x, y)$ 为核函数，$\varphi(x)$ 为映射函数，$\varphi(x) \cdot \varphi(y)$ 为 x, y 映射到特征空间上的内积。

核矩阵定义如下

$$\begin{cases} Q_{ELM} = HH^T \\ Q_{ELM_{ij}} = h(x_i)h(x_j) = K(x_i, x_j) \end{cases} \qquad (3\text{-}18)$$

式中　$h(x)$——隐含层节点的输出函数；

$K(x_i, x_j)$——核函数，通常可选择高斯核，公式如下

$$K(x_i, x_j) = \exp\left\{ -\left\| x_i - x_j \right\| \big/ 2\delta^2 \right\} \qquad (3\text{-}19)$$

依据式（3-18）和式（3-19）得到 KELM 的输出和输出权值如下

$$f(x) = \begin{bmatrix} K(x, x_1) \\ \vdots \\ M(x, x_Q) \end{bmatrix} \left(\frac{I}{C} + \Omega_{ELM} \right)^{-1} y \qquad (3\text{-}20)$$

$$\beta=\left(\frac{I}{C}+\Omega_{ELM}\right)^{-1}y \qquad\qquad (3\text{-}21)$$

由于核参数 δ 和惩罚系数 C 均对 KELM 算法的搜索能力存在影响，使用 HS 算法对二者进行优化。KELM 具有较强的学习速度与泛化能力，且结合了核学习映射的单隐层前馈神经网络，克服了传统神经网络易陷入局部最优解的缺点。

3.1.3 CEEMD-SE-HS-KELM

3.1.3.1 预测模型框架

采用 CEEMD 对新能源发电功率序列分解，降低原始数据的波动，同时能够克服 EMD 的模态混叠现象，得到多个 IMF 分量；利用 SE 理论对分解得到的序列进行重构，在降低数据噪声的基础上减少模型计算量；然后，利用 HS-KELM 模型对分解重构后的 IMF 分量进行预测；最后，通过集成处理得到最终的新能源发电功率预测结果。该组合模型主要由三部分构成，即数据预处理、优化阶段和预测阶段。

本书建立了新能源发电功率预测模型（CEEMD-SE-HS-KELM），具体步骤如下。

（1）通过关联性分析对原始数据集进行筛选，得到关联程度较高的数据指标，作为 CEEMD-SE-HS-KELM 预测模型的输入数据。

（2）将原始发电功率序列 $X(t)$，经 CEEMD 分解后得到从高频到低频的 n 个分量，分别是 $n-1$ 个固有模式函数 $IMF_i(t)$ 和 1 个近似单调的残余量 $R(t)$。

（3）采用 SE 理论，计算各个子序列的复杂程度，对子序列进行重构。

（4）针对各个分量分别构建 HS-KELM 模型，得到各个分量的预测值。

（5）将各分量预测结果叠加得到新能源发电功率预测结果。

以上内容介绍了新能源功率预测模型的构建，基于 CEEMD-SE-HS-KELM 的新能源发电功率预测流程图如图 3-2 所示。

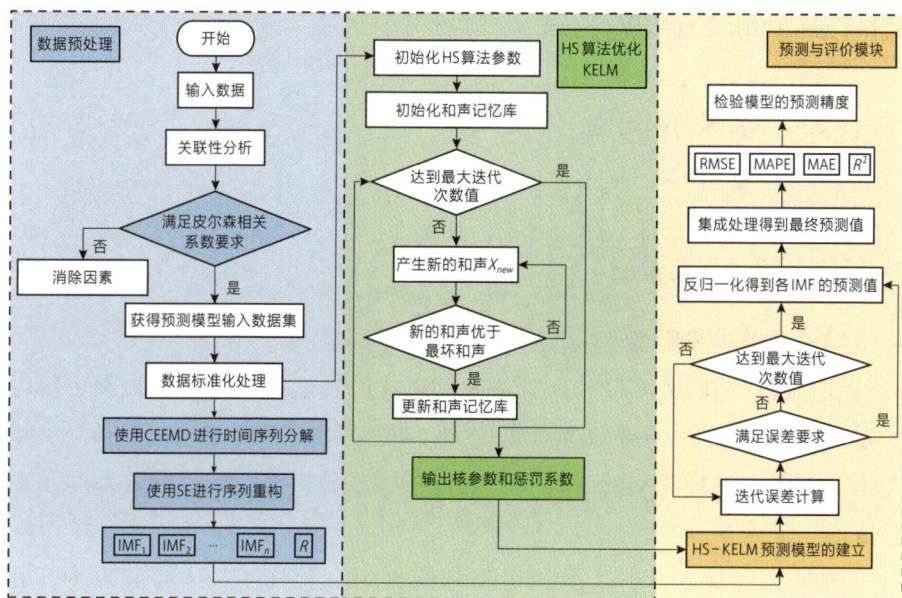

图 3-2　CEEMD-HS-KELM 流程图

3.1.3.2　预测模型评估

采用四个评估指标，均方根误差（RMSE）、平均绝对误差百分比（MAPE）平均绝对误差（MAE）及确定系数 R^2，用来测试预测模型的性能，具体计算方法如下

$$RMSE = \sqrt{\frac{1}{n}\sum_{i=1}^{n}(p_i - p_i')^2} \qquad (3-22)$$

$$MAPE = \frac{1}{n}\sum_{i=1}^{N}\left|\frac{p_i' - p_i}{p_i}\right| \times 100\% \qquad (3-23)$$

$$MAE = \frac{1}{n}\sum_{i=1}^{N}|p_i' - p_i| \qquad (3-24)$$

$$R^2 = \frac{\sum_{i=1}^{n}(p_i' - \overline{p_i})^2}{\sum_{i=1}^{n}(p_i - \overline{p_i})^2} \qquad (3-25)$$

式中　p_i——功率真实值，千瓦；

　　　p_i'——HS-KELM 输出后反归一化的功率值，千瓦；

　　　$\overline{p_i}$——实际功率均值，千瓦；

　　　n——数据量。

3.1.4 预测模型验证

3.1.4.1 数据集筛选

为了客观地验证 CEEMD-SE-HS-KELM 的性能，以北京市某额定装机容量为 149 兆瓦风电场的实测数据为例，对风发电电功率进行短期预测，并与多种智能预测模型对比，计算其误差指标，分析模型的拟合效果和预测精度。

选取 2017 年 5 月份实测风电功率数据为实验样本，采样间隔为 5 分钟，取其中 5 月 15—31 日连续 17 天的数据，实验样本共计 4608 个采样点，选择前 4322 个采样点为预测模型的训练集，后 288 个采样点为测试集。将原始数据集分为 2 类，一类为历史气象数据，包括风速的历史气象数据，一类为历史功率数据。对原始数据集皮尔森相关性分析，得到指标与风电功率的关联程度如表 3-1 所示。

表 3-1　　　　　　　　　皮尔森相关性分析结果

指标		相关性	指标		相关性	指标	相关性
风速	10	0.788	风向	10	−0.391	温度	0.227
	30	0.796		30	−0.308	湿度	−0.51
	50	0.777		50	−0.025	降雨量	0.29
	70	0.764		70	0.289	压强	−0.37
	轮毂高度（米）	0.764		轮毂高度（米）	0.289	—	—

根据关联程度分析，风速与风电功率耦合程度较高，选取不同高度的风速作为模型输入变量。将原始数据均转化为 0～1 之间的数，消除各维数据之间数量级差别，避免因输入输出数据数量级差别较大而造成误差过大。归一化方法如下

$$x_i^* = \frac{x_i - x_{\min}}{x_{\max} - x_{\min}}$$

（3-26）

式中　$x_{\min}$——数据序列中的最小值；

　　　$x_{\max}$——序列中的最大值；

　　　x_i——初始输入数据；

　　　x_i^*——归一化之后的数据。

3.1.4.2 基于 CEEMD-SE 的功率序列分解与重构

利用 CEEMD 分解技术对原始风电功率数据进行分解处理，共得到 12 个 IMF 分量和 1 个残余量，分解结果如图 3-3 所示。经过 CEEMD 分解处理后，信号的特征变化由高频到低频提取出来，各分量相对平稳。

采用 CEEMD 分解后得到 12 个 IMF 分量和 1 个残余量，采用样本熵理论，取 m 为 2，r 为 0.2，计算各个子序列的复杂程度，计算结果如图 3-4 所示。

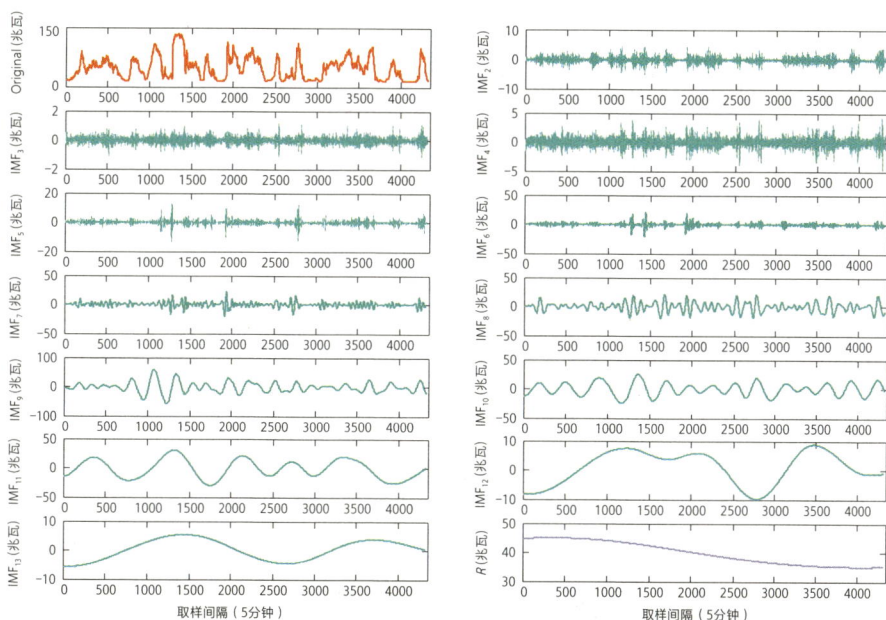

图 3-3　CEEMD 分解结果

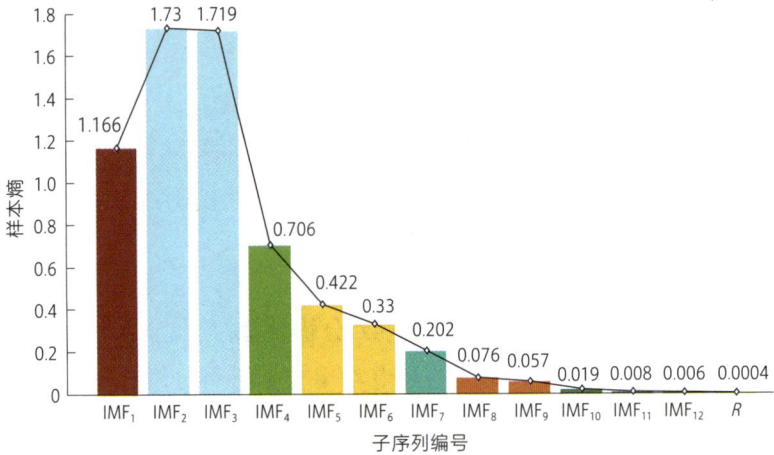

图 3-4 各个子序列的样本熵

样本熵对于 IMF 序列归类的判别标准约为原始序列标准差的 0.2 倍，通过对子序列复杂程度标准差的计算，得到其标准差为 0.25，因此对子序列进行重构的相似度差值为 0.12，向下取整后为 0.1。对于 IMF1-IMF12，选择样本熵相差 0.1 以内的子序列进行重构。由图 3-4 可知，IMF2 和 IMF3 子序列的样本熵相差较小，可将这 2 个子序列归为一类作为一个新的子序列进行训练和预测。

将全部子序列进行归类，归类重构后的结果如图 3-5 与表 3-2 所示。

3.1.4.3 CEEMD-HS-KELM 功率预测

针对分解重构后的序列，建立 8 个 HS-KELM 预测模型，设定隐含层神经元数目为 20，目标误差设定为 0.001，最大训练次数 500。和声记忆库大小 $HMS=100$，$HMCR=0.9$，初始记忆扰动概率 $PAR=0.35$，微调带宽 $BW=0.25$，每次产生新和声向量数目为 10。对上述 8 个子序列分别进行训练与预测，将最终各个子序列的预测结果集成处理后得到风电功率预测输出值，如图 3-6 所示。

3.1.4.4 预测模型对比分析

为验证模型的有效性，分别建立了 ELM、KELM、HS-KELM、EMD-

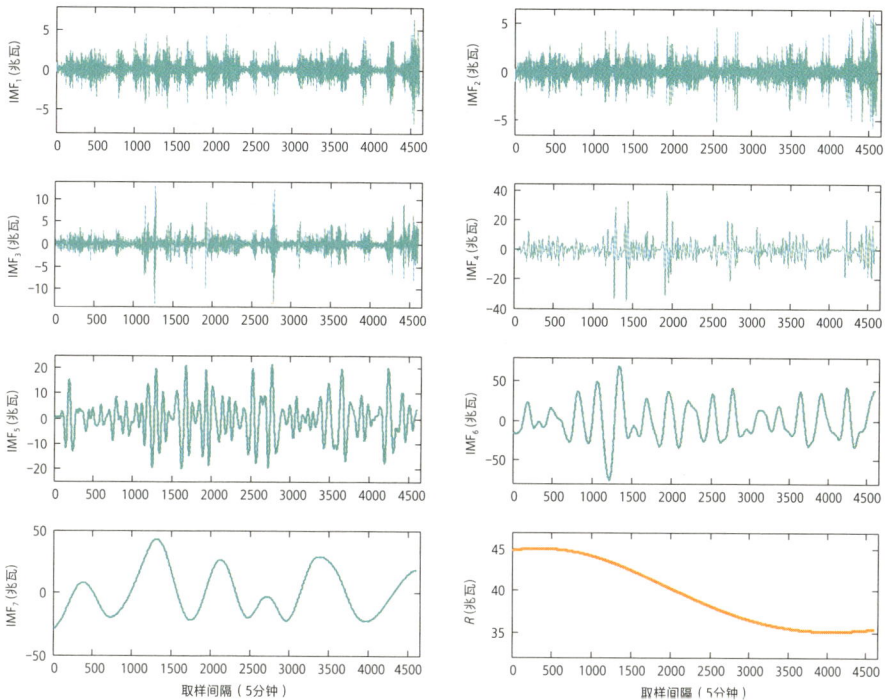

图 3-5　CEEMD-SE 处理的风电功率子序列

表 3-2　　　　　　　　　IMF 分量合并后产生的新序列结果

重构序列编号	1	2	3	4	5	6	7	8
初始序列编号	1	2,3	4	5,6	7	8,9	10,11,12	R

SE-HS-KELM、CEEMD-SE-HS-KELM 五种模型进行对比分析。将其分别命名为配置 1～5。KELM 结构为"6-15-1"形式，目标误差设定为 0.001，最大训练次数 500。各个模型独立运行 50 次后取平均值，并与实际风电功率进行对比，预测结果如图 3-7 所示。由图 3-7 可以看出，单一的 KELM、ELM 预测模型，仅能大致反映出风电功率的变化趋势，但各时间点的预测值与实际差别较大，而本书构建的 CEEMD-SE-HS-KELM 混合模型在各个预测点的预测值与实际值拟合效果较好，是具有较高精度的短期风电功率预测模型。

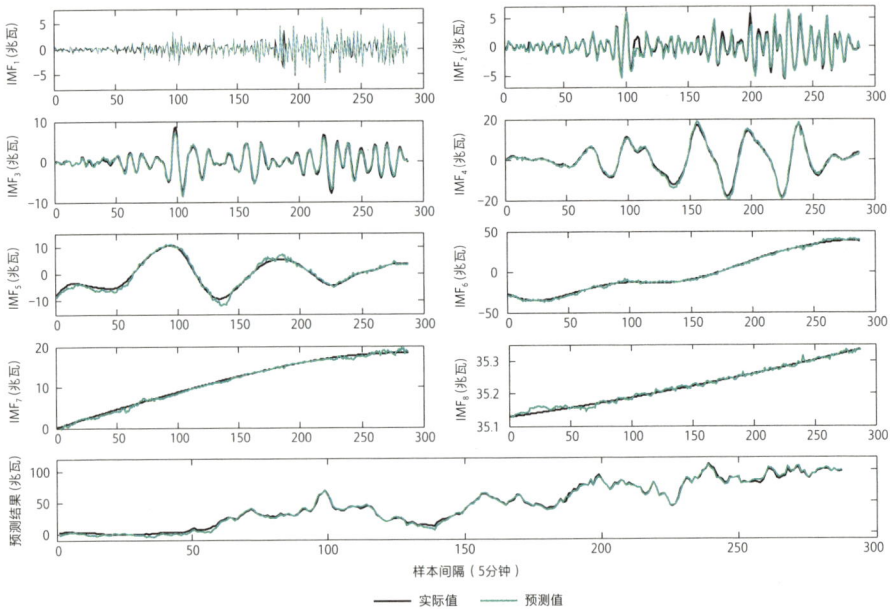

图 3-6　风电功率预测结果

为更加直观地评价不同模型的预测精度，分别计算不同模型的 RMSE、MAE 及确定系数 R^2，模型的误差指标计算结果如图 3-8 和表 3-3 所示。

由表 3-3 和图 3-7、图 3-8 可知：

（1）对比 EMD-SE-HS-KELM 和 CEEMD-SE-HS-KELM，后者的 RSME 和 MAE 较 EMD-SE-HS-KELM 分别提高了 53.74%、25%，说明基于 CEEMD-HS 的数据预处理组合模型具有更好的处理效果。

（2）对比 HS-KELM 和 CEEMD-SE-HS-KELM，后者的 RSME 和 MAE 较 HS-KELM 分别提高了 26.40%、90.73%，说明对非平稳的风电功率序列进行预处理可有效消除噪声，保证数据质量，提高预测精度。

（3）对比 KELM 和 HS-KELM，后者的 RSME 和 MAE 较 KELM 分别提高了 59.87%、62.82%，说明利用 HS 算法对 KELM 算法的参数进行优化，有效提高了 KELM 算法的搜索能力和模型的预测精度。

（4）对比 ELM 和 KELM，后者的 RSME 和 MAE 较 ELM 分别提高了 35.71%、32.27%，说明 KELM 算法的预测精度优于 ELM 模型，泛化能力较强。

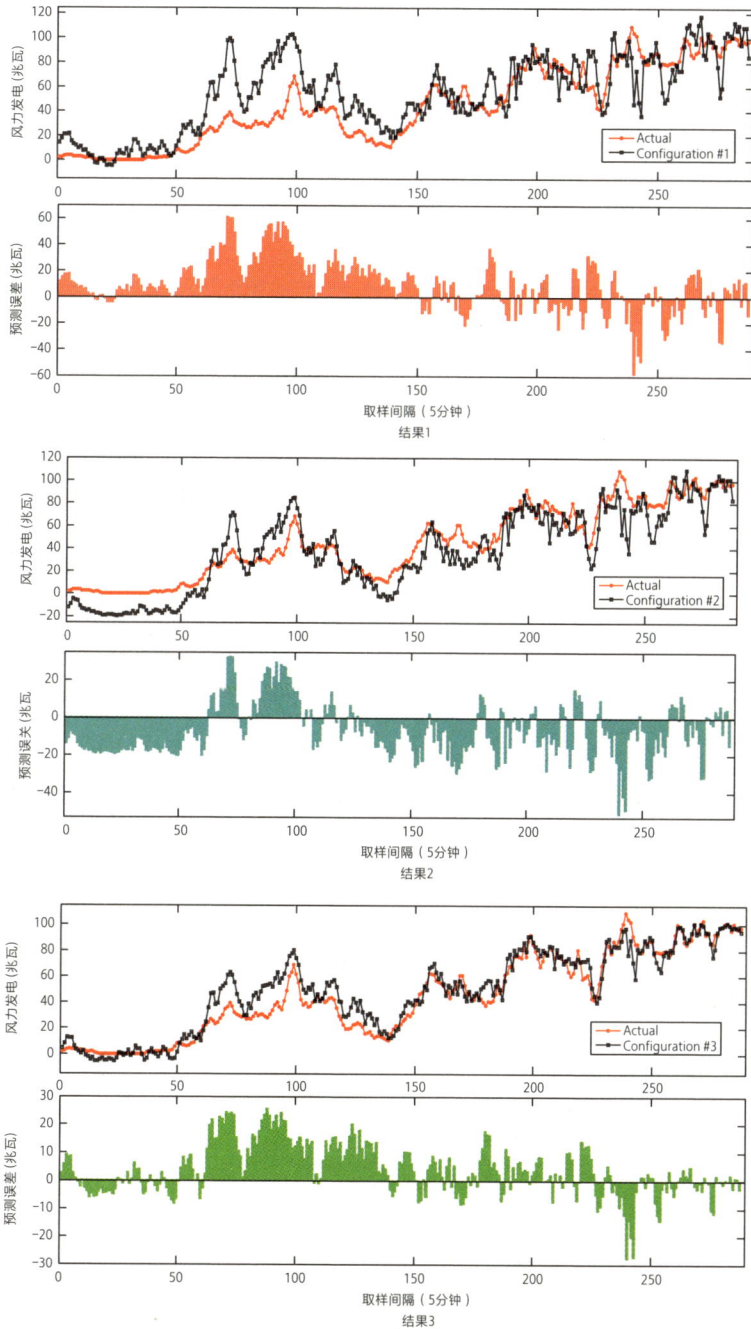

结果1

结果2

结果3

图 3-7　不同预测模型的风电功率预测结果

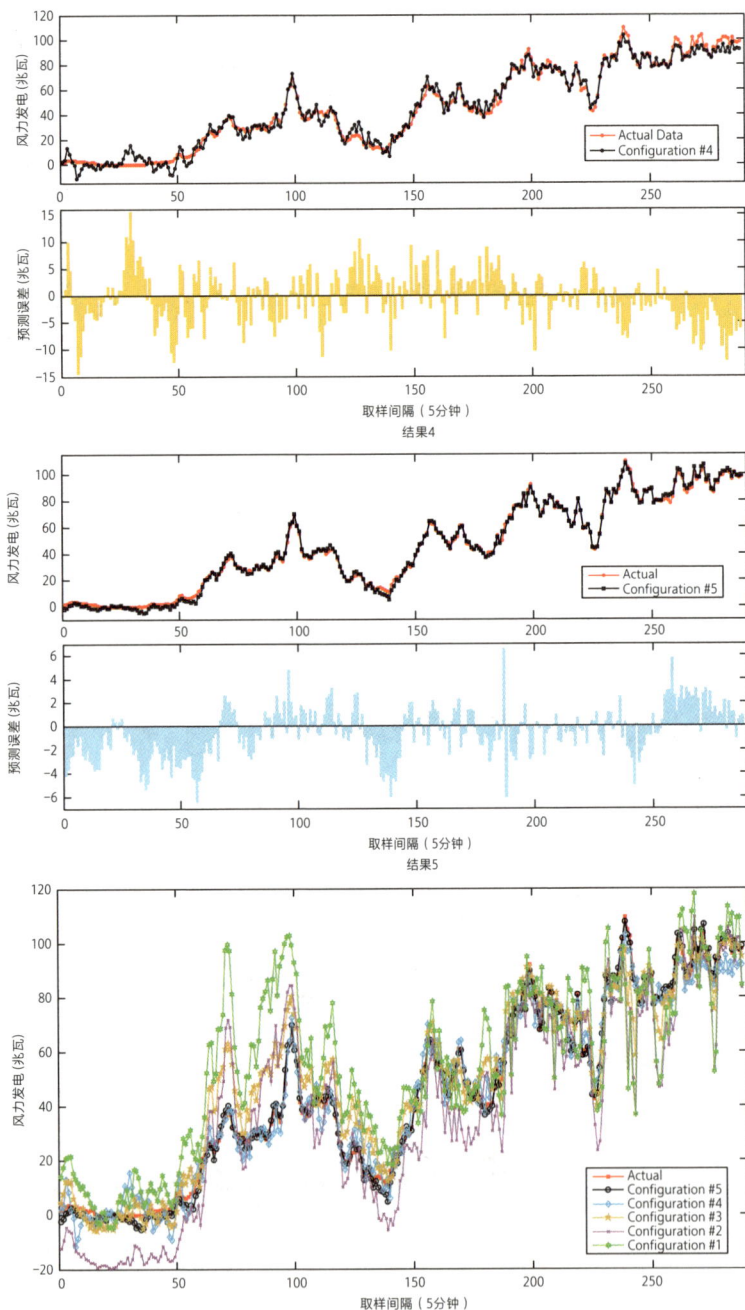

图 3-7（续） 不同预测模型的风电功率预测结果

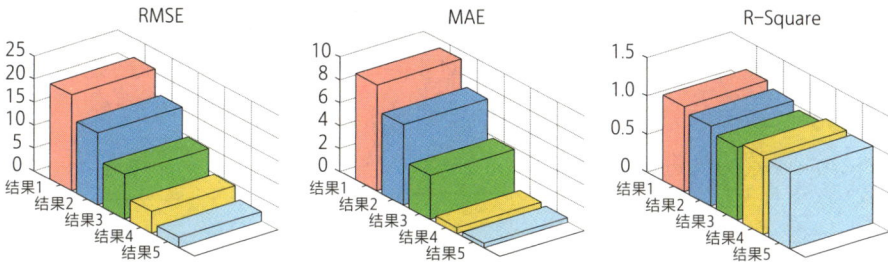

图 3-8 不同预测模型的 RMSE、MAE 和 R-Square 值

表 3-3 预测模型评价指标的计算结果

评价指标	CEEMD-SE-HS-KELM	EMD-SE-HS-KELM	HS-KELM	KELM	ELM
RMSE（MWh）	2.16	4.67	6.345	15.81	24.59
MAE（MWh）	0.39	0.52	5.61	15.09	22.28
R^2	1.01	1.03	0.96	1.05	1.12

为了证明本书构建的模型具有更准确的预测性能，采用配对样本 t 检验分别对 CEEMD-SE-HS-KELM、EMD-SE-HS-KELM、HS-KELM、KELM 和 ELM 模型的预测结果进行显著性检验，置信区间设为 95%。计算结果见表 3-4。

表 3-4 新能源发电功率预测模型的 t 检验结果

模型配置对比	配对样本 t 检验					
	相关系数	均值	标准差	t	df	Sig（双侧）
模型 1 & 模型 5	0.838	−9.807	18.547	−8.974	287	0.000
模型 2 & 模型 5	0.966	−0.439	8.738	−8.510	287	0.000
模型 3 & 模型 5	0.929	6.535	13.371	8.294	287	0.000
模型 4 & 模型 5	0.988	−0.126	5.358	−0.400	287	0.689

对比配对 t 样本检验结果，模型 5 相较于模型 1～3，其预测结果的相关系数均接近于 1，且 Sig=0.000，说明模型 1～3 与模型 5 得到的新能源发电功率预测结果相关性很高；模型 5 与模型 1～3 的预测结果存在显著性差

异，说明本书构建的 CEEMD-SE-HS-KELM 模型对于新能源发电功率预测具有较强的显著性。模型 5 相较于模型 4 的显著性较弱，主要原因是模型 4 已经具有较高的预测精度，改进后的模型对于异变点的预测结果更优，对于整体预测误差的改进相对较弱。

3.2 基于相似日筛选与 LSTM 的电力现货市场电价预测模型

3.2.1 电价影响因素初选

对已有电价预测文献进行总结梳理，总结得到电力现货市场电价影响因素初选结果如表 3-5 所示。

表 3-5 电力现货市场电价影响因素初选结果

影响因素类别	具体因素
历史电价	不同时间尺度电价
负荷	实际负荷、预测负荷、负荷预测误差、峰谷负荷
电力需求	实际电力需求、电力需求预测、电力需求预测误差、电力需求峰谷
电力市场容量	市场可用容量、市场最大容量
新能源发电数据	新能源发电功率、新能源发电功率预测、新能源发电功率预测误差、新能源发电量、新能源发电量预测、新能源发电量预测误差
新能源渗透率	新能源发电量占比、新能源发电功率与负荷的比值

3.2.2 基于 RF 的新能源影响量化

本文采用随机森林（random forest，RF）算法进行价格影响因素的筛选及重要程度判别，用以衡量其对电力现货市场价格的影响。RF 是一种集成机器学习方法，利用随机重采样与节点随机分类技术构建多棵无关联的决策树，投票得到最终分类结果。RF 具有分析复杂相互作用特征的能力，对于噪声数和存在据缺失值的数据具有较好的鲁棒性，学习速度较快，可作为高维数据的特征选择工具。RF 决策树的生成过程如图 3-9 所示。

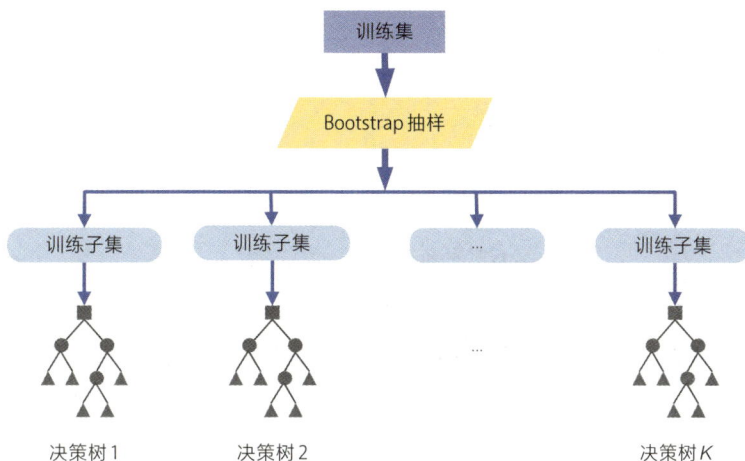

图 3-9　RF 决策树的生成过程

随机森林进行特征选择时的目标包括：查找到与因变量高度相关的特征变量；找出数据相对较少的、且能够充分表达预测结果的特征变量。常用基尼指数（Gini）或者袋外数据（OOB）错误率来衡量评价特征的重要性。

若有 C 个特征 $X_1, X_2, \cdots, X_C$，需计算出每个特征 X_j 的重要性的具体步骤如下。

步骤 1，从原始训练数据集中，应用 bootstrap 方法有放回地随机抽取 K 个新的自助样本集，并由此构建 K 棵分类回归树，每次未被抽到的样本组成了 K 个 OOB。

步骤 2，每一棵树的每个节点处随机抽取 m_{try} 个特征，作为随机生成的特征子集，通过计算该特征子集中每个特征蕴含的信息量，在 m_{try} 个特征中选择一个最具有分类能力的特征进行节点分裂，使得决策树具有更大的多样性。

步骤 3，以 Gini 指数评分 $VIM_j^{(Gini)}$，计算特征重要程度。

VIM 表示特征重要性评分，GI 表示 Gini 指数，需计算出每个特征 X_j 的 Gini 指数评分 $VIM_j^{(Gini)}$，亦即第 j 个特征在随机森林所有决策树中节点分裂不纯度的平均改变量。Gini 指数的计算公式如下

$$GI_m = \sum_{k=1}^{|K|} \sum_{k' \neq k} p_{mk} p_{mk'} = 1 - \sum_{k=1}^{|K|} p_{mk}^2 \tag{3-27}$$

式中　K——一共有 K 个类别；

　　　p_{mk}——节点 m 中类别 k 所占的比例。

特征 X_j 在节点 m 的重要性，即节点 m 分支前后的 Gini 指数变化量如下

$$VIM_{jm}^{(Gini)} = GI_m - GI_l - GI_r \tag{3-28}$$

式中　GI_l、GI_r——分别表示分枝后两个新节点的 Gini 指数。

若特征 X_j 在决策树 i 中出现节点属于集合 M，则 X_j 在第 i 棵树的重要性如下

$$VIM_{ij}^{(Gini)} = \sum_{m \in M} VIM_{jm}^{(Gini)} \tag{3-29}$$

假设 RF 中共有 n 棵树，则

$$VIM_j^{(Gini)} = \sum_{i=1}^{n} VIM_{ij}^{(Gini)} \tag{3-30}$$

将所有计算的重要性评分做归一化处理如下

$$VIM_j = \frac{VIM_j}{\sum_{i=1}^{C} VIM_i} \tag{3-31}$$

3.2.3 基于改进灰色关联的相似日筛选

电力现货市场电价历史相似日定义如下：待筛选的样本集合规模为 M，在 M 天内，以待预测天的影响因素集作为最优集，计算不同历史天影响因素集的相似度得分，选择其中得分最高的前 m 天作为筛选得到的电价相似日。本书采用改进的灰色理想值逼近（IAGIV）计算不同历史天相较于待预测天的相似度得分，用来判断训练集与待预测天数的贴近度。

评价方案序列为 $S=\{s_k\}=(k=1,2,\cdots,i)$，影响因素特征集为 $[X_1,X_2,\cdots,X_C]$，则第 r 个特征因素的 i 个方案所构成的评价序列为

$$X_k = \{X_1(r), X_2(r), \cdots, X_k(r)\} (k = 1, 2, \cdots, i) \tag{3-32}$$

各评价指标的最优值构成的最优参考序列为

$$X^* = \{X^*(1), X^*(2), \cdots, X^*(r)\}(r=1,2,\cdots,C) \tag{3-33}$$

最劣参考序列为

$$Y_k^0 = \{Y_1^0(r), Y_2^0(r), \cdots, Y_k^0(r)\}(k=1,2,\cdots,i) \tag{3-34}$$

确定各影响因素权重为

$$w = [w_1, w_2, \cdots, w_C] \tag{3-35}$$

计算评价序列与最优参考序列和最劣参考序列关于第 r 个指标的灰色关联系数分别为

$$R^*(r) = \frac{\min\limits_i \min\left|Y_k^*(r) - Y_k(r)\right| + 0.5\max\limits_i \max\left|Y_k^*(r) - Y_k(r)\right|}{\left|Y_k^*(r) - Y_k(r)\right| + 0.5\max\limits_i \max\left|Y_k^*(r) - Y_k(r)\right|} \tag{3-36}$$

$$R^0(r) = \frac{\min\limits_i \min\left|Y_k^0(r) - Y_k(r)\right| + 0.5\max\limits_i \max\left|Y_k^0(r) - Y_k(r)\right|}{\left|Y_k^0(r) - Y_k(r)\right| + 0.5\max\limits_i \max\left|Y_k^0(r) - Y_k(r)\right|} \tag{3-37}$$

其次，计算出评价序列与最优参考序列和最劣参考序列的灰色关联度

$$R_1 = \sum_{r}^{n} w_r R^*(r) \tag{3-38}$$

$$R_2 = \sum_{r}^{n} w_r R^0(r) \tag{3-39}$$

计算评价序列的灰色关联贴近度 Q，即

$$Q = \frac{R_1}{R_1 + R_2} \tag{3-40}$$

最终的结果 Q 越接近 1，说明该评价对象与最优方案越接近，效果越好。

3.2.4 RF-IAGIV-CEEMD-SE-LSTM 模型

本书构建的基于组合数据预处理策略与 LSTM 的混合电价预测模型，预测框架如图 3-10 所示，预测步骤如下。

（1）首先使用 RF 算法确定多个影响因素重要程度，并将多个重要程度的值传递给改进灰色理想值逼近（IAGIV）模型，作为影响因素权重以进

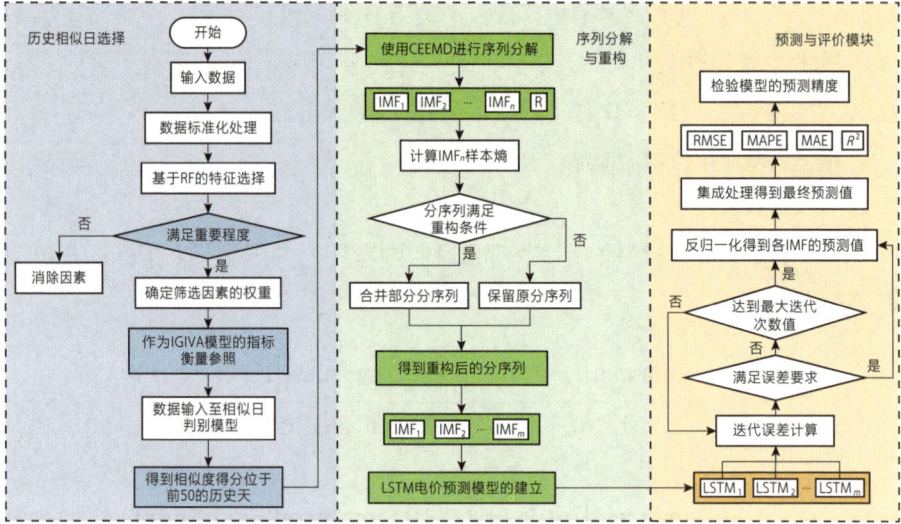

图 3-10　电力现货市场电价混合预测模型框架

行历史相似日筛选，筛选出综合得分与待预测当天匹配度最高的多天历史数据。

（2）为消除时间序列噪声，提高预测模型输入数据质量，将基于 RF-IGIVA 相似日筛选模型选取得到的电力现货市场历史天价格数据，采用 CEEMD-SE 方法对时间序列进行分解与重构，在保证数据质量的同时有效减少计算量。

（3）将基于组合数据预处理策略得到的从高频到低频的多个时间序列分量输入 LSTM 模型中，将各分量预测结果叠加得到电力现货市场电价预测结果。

3.2.5　预测模型验证

3.2.5.1　数据收集

电力现货市场电价预测采用北欧电力市场中丹麦 DK1 区域 2020 年 1 月 1 日—12 月 31 实际运行数据。原始数据包括电力负荷实际值与预测值、电力消费实际值与预测值、发电量实际值与预测值、风力发电量与预测值、光伏发电量与预测值、实时电价等共计 11 条时间序列，采样间隔为 1 小时。此外，还有 7 条衍生序列，与第二章中情况一致。剔除 DK1 地区光伏发电功率为 0 的历史天，以天为单位进行时间序列切割，共得到个 334 个历史天样本矩阵作为混合预测模型的输入数据。

在后续进行相似日筛选与序列的分解与重构前，首先对数据进行简单的数据预处理，处理方法主要分为三个步骤。

（1）判断奇异数据，分析不同影响因素与现货市场价格之间的关系，验证电价是否为奇异值。

（2）对现货市场电价的历史数据进行平滑处理，消除奇异数据。采用五点近似的三次平滑算法对奇异数据进行平滑处理。选取五个相邻的数据点，拟合一条三次曲线，然后用三次曲线上对应位置的数据值作为滤波结果。

（3）对训练样本进行归一化处理，由于电力现货市场价格存在负值，数据标准化方法采用 Z-score 标准化方法，具体标准化方法如式（3-41）所示。

$$x_i^* = \frac{x_i - \mu}{\sigma} \tag{3-41}$$

式中　μ——所有样本数据的均值；

　　　σ——所有样本数据的标准差。

3.2.5.2 新能源影响量化

本小节采用 RF 算法刻画不同因素对电力现货市场电价的影响，构建 DK1 地区电力现货市场电价预测的特征向量如下：

$$T_p = [Time, L, L_f, L_e, C, C_f, C_e, P, P_f, P_e, W, W_f, W_e, S, S_f, S_e, RW, RS] \tag{3-42}$$

式中　$Time$——时间；

　　　L——电力负荷；

　　L_f、L_e——负荷预测值、预测误差，兆瓦；

　　　C——电力消费量，兆瓦时；

　　C_f、C_e——电力消费量预测值、预测误差，兆瓦时；

　　　P——发电量，兆瓦时；

　　P_f、P_e——发电量预测值、预测误差，兆瓦时；

W——风力发电量，兆瓦时；

W_f、W_e——风力发电量预测值、预测误差，兆瓦时；

S——光伏发电量，兆瓦时；

S_f、S_e——光伏发电量预测值、预测误差，兆瓦时；

RW——风力发电量占比；

RS——光伏发电量占比，%；

WL——风荷比；

SL——光荷比。

采用 RF 算法计算各特征影响因素的重要程度。图 3-11 显示了每个影响因素的重要程度，计算得到的特征向量重要度矩阵如式（3-43）所示。

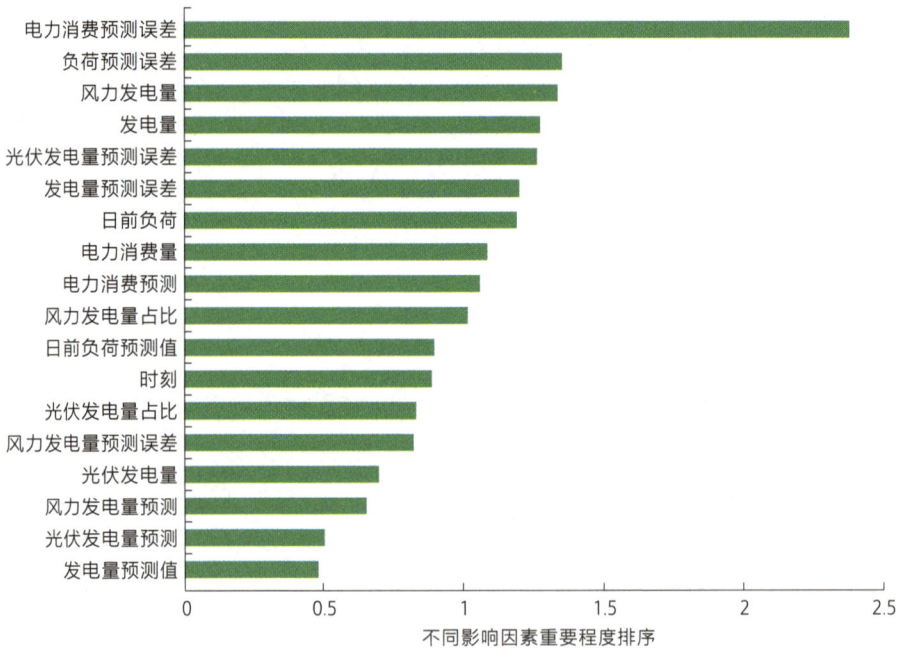

图 3-11 电力现货市场电价预测输入因素的重要程度

$$T_p = [1.201, 0.891, 1.088, 0.507, 0.899, 1.019, 0.486, 0.700, 2.383,$$
$$0.835, 0.656, 1.338, 1.265, 1.060, 1.355, 1.275, 0.826, 1.193] \quad （3-43）$$

以重要度大于 1 的影响因素作为输入数据，剔除实际电力负荷、负荷预测误差、电力消费量、电力消费预测误差、发电量、发电量预测误差、风力发电量、光伏发电预测误差等因素。

RF 算法对于电力现货市场电价影响因素重要程度排序的可信度散点图如图 3-13 所示，图中表示计算结果的确定系数 R^2 为 0.91。图 3-12 与图 3-13 表明 RF 算法对电力现货市场电价影响因素重要程度的排序效果较好。

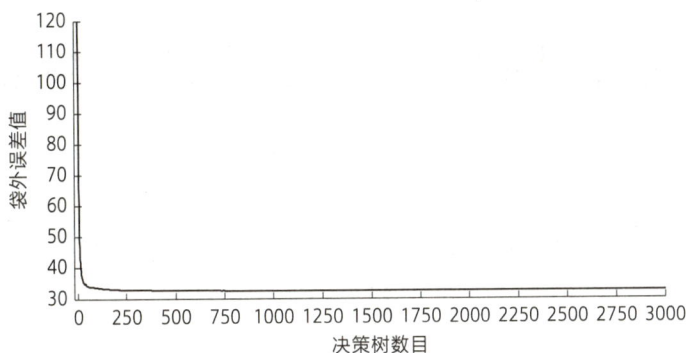

图 3-12　袋外误差

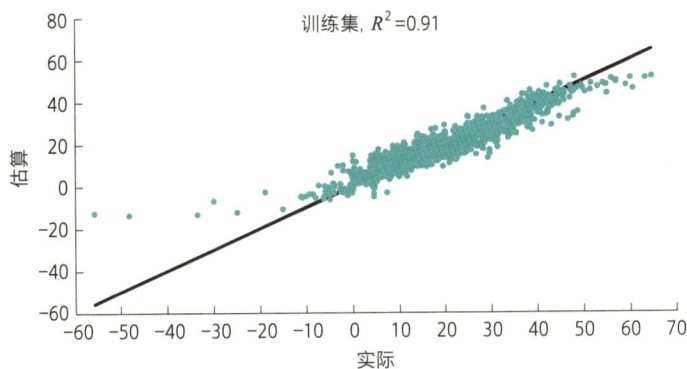

图 3-13　RF 计算得到的重要程度排序可信度

3.2.5.3　历史相似日筛选

各个因素对于电力现货市场电价的重要性作为相似日选择的权重，具体如下

$$T=[0.091,0.083,0.077,0.181,0.102,0.096,0.080,0.103,0.097,0.090] \quad (3\text{-}44)$$

为更加充分地考虑新能源发电对于电力现货市场电价的影响，本节选取丹麦 DK1 地区 2020 年 9 月 22 日作为电力现货市场电价预测天，计算历史数据与预测天的关联程度，选择关联度排序位于前 50 的历史天数据作为 LSTM 模型的训练集。计算得到历史天关联度位于前 50 的日期及其相似度如表 3-6 与图 3-14 所示。

表 3-6　　　　历史天关联度位于前 50 的日期及其相似度

排序	日期	相似度	排序	日期	相似度	排序	日期	相似度	排序	日期	相似度	排序	日期	相似度
1	11月22日	0.995	11	11月15日	0.894	21	2月17日	0.809	31	2月9日	0.776	41	11月24日	0.767
2	2月5日	0.989	12	4月13日	0.886	22	2月10日	0.800	32	3月10日	0.773	42	5月17日	0.762
3	2月21日	0.984	13	11月18日	0.875	23	2月16日	0.789	33	12月24日	0.772	43	5月11日	0.760
4	11月21日	0.972	14	2月23日	0.869	24	2月20日	0.788	34	7月28日	0.776	44	11月23日	0.760
5	11月19日	0.967	15	5月24日	0.864	25	2月10日	0.788	35	2月1日	0.773	45	4月15日	0.758
6	6月30日	0.935	16	2月22日	0.848	26	3月11日	0.787	36	5月16日	0.772	46	7月11日	0.753
7	2月18日	0.929	17	4月3日	0.845	27	4月2日	0.785	37	7月5日	0.776	47	2月8日	0.752
8	12月27日	0.924	18	11月17日	0.837	28	12月14日	0.778	38	2月29日	0.773	48	5月12日	0.741
9	6月17日	0.906	19	3月12日	0.829	29	12月19日	0.777	39	11月16日	0.772	49	8月22日	0.737
10	2月12日	0.901	20	3月15日	0.822	30	12月22日	0.777	40	10月3日	0.770	50	7月7日	0.736

将经过双重筛选得出与待预测天数关联程度最高的 50 个历史天数据作为训练集输入 CEEMD 模型，得到多个分解的 IMF 分量与残差分量 R，利用 SE 理论对分量进行重构，利用 LSTM 对更新后的分量进行电力现货市场价格预测。

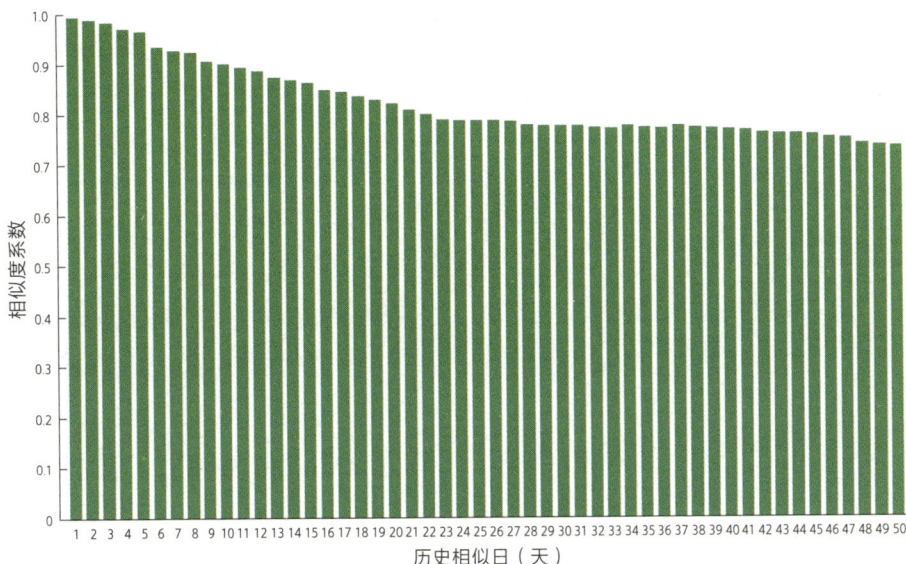

图 3-14　电价历史相似日筛选结果

3.2.5.4 基于 CEEMD-SE 的电价序列分解与重构

利用 CEEMD 分解技术对原始电力现货市场电价数据进行分解处理，共得到 9 个 IMF 分量和 1 个残余量，分解结果如图 3-15 所示。SE 模型参数 m 取值为 2，r 为 0.2，计算各个子序列的复杂程度，计算结果如图 3-16 所示。针对 IMF1-IMF9，选择样本熵相差 0.1 以内的子序列进行重构。

IMF1、IMF2 和 IMF3 子序列的样本熵相差较小，可将这 3 个子序列归为一类，集成重构后作为一个新的子序列输入 LSTM 中进行训练和预测。将全部子序列进行归类，共得到 6 个子序列，重构后的结果如图 3-17 与表 3-7 所示。

对上述 6 个子序列分别进行训练与预测，将最终各个子序列的预测结果集成处理后得到现货市场电价预测输出值。

3.2.5.5 RF-IAGIV-CEEMD-SE-LSTM 电价预测

LSTM 模型是基于 RNN 模型发展而来的，相较于 RNN 模型增加了一个存储单元，有效解决 RNN 梯度弥散的现象，增强模型长期记忆能力。

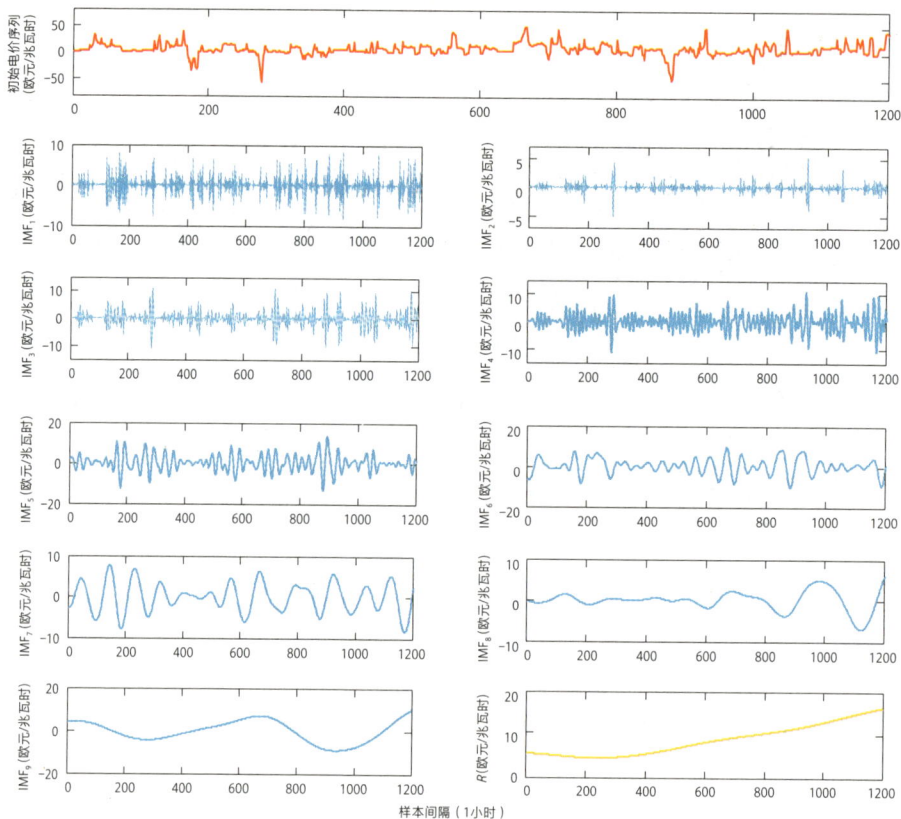

图 3-15 电价序列分解结果

基于 CEEMD-SE 数据预处理策略分解与重构后的各个分量，构建一个基于 LSTM 神经网络的滚动预测模型，输入变量不仅包含 3.2.5.2 小节中利用 RF 筛选出的重要影响因素，还包括预测日之前的电价序列，输出变量为预测日当天的电价序列（24 点）。本书采用的 LSTM 神经网络包含 2 个隐含层和 1 个输出层，设定隐含层中神经元的数目为 25，模型损失效用函数采用 RMSE 指标，神经网络内部优化函数采用 Adam。

针对待预测天分解重构后的电价序列，分别对六个电价分量进行训练与预测，得到 6 个电价分量的预测结果，将最终各个子序列的预测值集成处理后得到日前电价预测最终输出值，各分量预测结果与最终预测结果如图 3-18 所示。

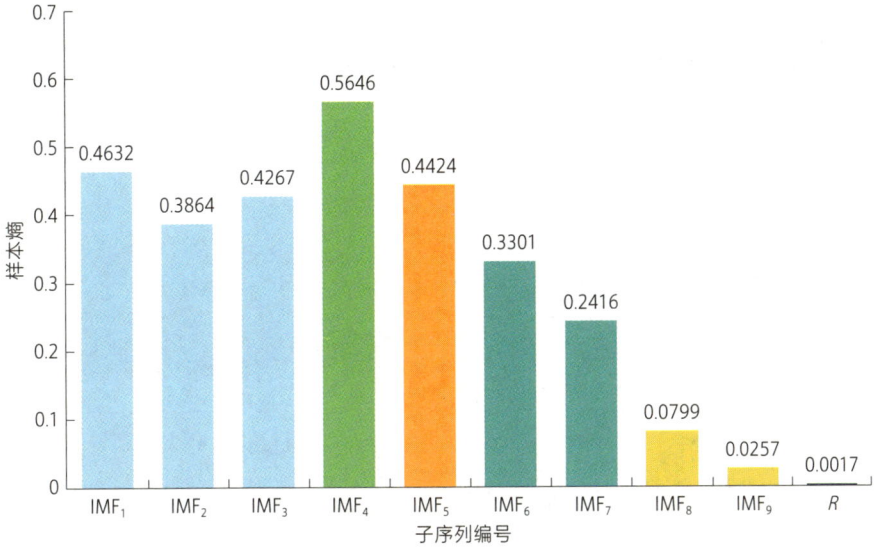

图 3-16　电价 CEEMD 分解序列的 SE 重构结果

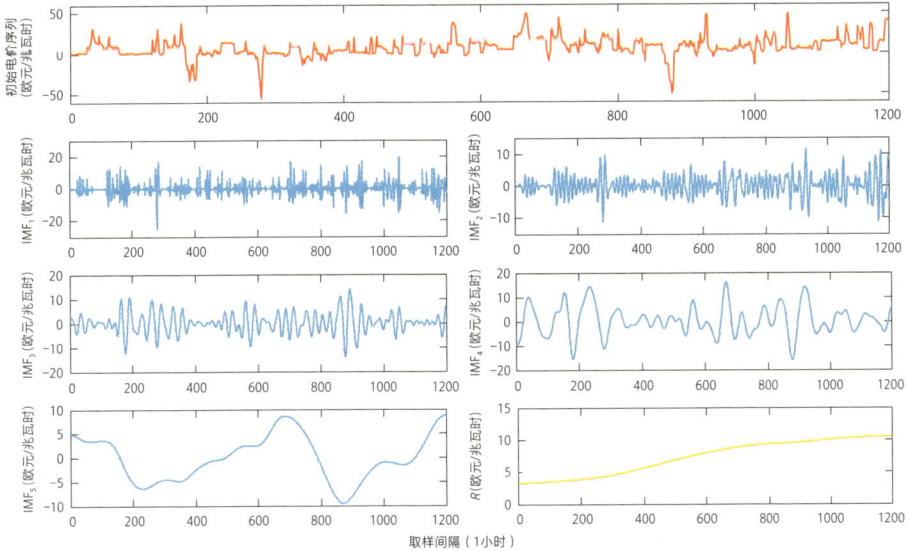

图 3-17　经过 CEEMD-SE 处理的电价序列

表 3-7　　　　　　　　利用 SE 计算得到的电价 IMF 分量

新产生序列编号	CEEMD 分解后的序列编号	新产生序列编号	CEEMD 分解后的序列编号
1	1,2,3	4	6,7
2	4	5	8,9
3	5	6	R

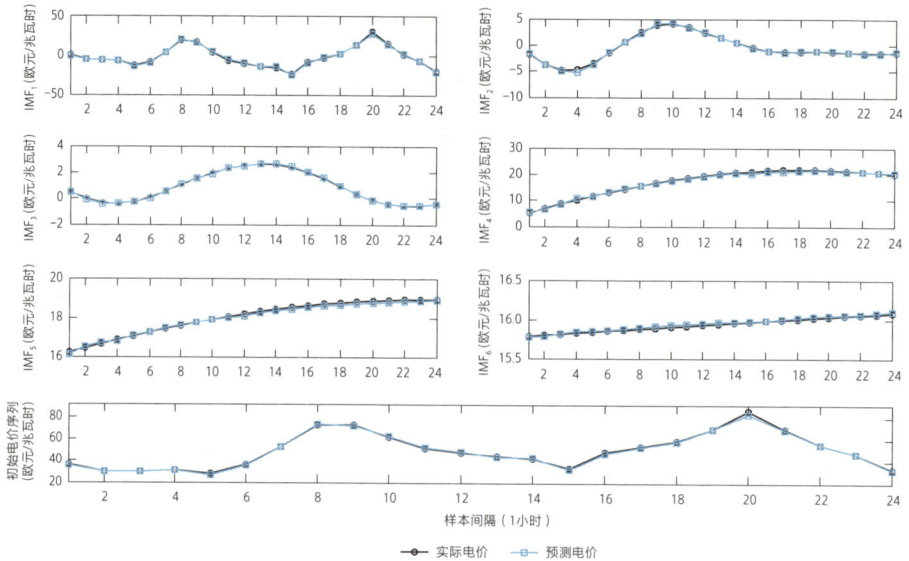

图 3-18　电价各分量预测结果

由图 3-18 可知，六个电价分量的预测结果与实际电价分量之间的拟合效果良好，误差较小，对各个电价分量预测结果集成处理得到的最终预测结果与实际电价之间的拟合效果同样良好，对尖峰电价与低谷电价的描述效果较好。

3.2.5.6　预测模型对比分析

为进一步验证本书提出的 RF-IAGIV-CEEMD-SE-LSTM 滚动电价预测模型的有效性，选取 CEEMD-SE-LSTM、LSTM 与 BPNN 等多个预测模型进行对比，测试数据集与 RF-IAGIV-CEEMD-SE-LSTM 滚动电价预测模型采用的数据保持一致。为便于描述，将 RF-IAGIV-CEEMD-SE-LSTM 命名为配置

1，将 CEEMD-SE-LSTM 命名为配置 2，将 LSTM 命名为配置 3，将 BPNN 命名为配置 4。选取 CEEMD-SE-LSTM 与本书提出模型进行对比的目的在于分析本书提出的基于 RF-IAGIV 相似日筛选模型对于电价预测模型精度的影响，在进行预测时，模型训练采用的数据为全年任意 50 天的历史数据。

采用不同配置的模型对待预测天的电价进行预测，得到了各配置预测模型的预测结果和绝对误差，如图 3-19 所示。配置 1 的组合模型具有最好的拟合效果与绝对误差值，说明本书提出模型对于日前电力现货电价预测有较强的适用性，对尖峰电价与低谷电价的描述较好。模型的拟合效果与绝对误差依次为：配置 1 ＞配置 2 ＞配置 3 ＞配置 4。对不同模型的电价预测结果进行分析，得到以下结论。

（1）配置 2 模型的绝对误差值大于本书提出的配置 1 模型，说明针对电力现货市场价格预测问题，进行历史天相似日筛选是有必要的，选择与待预测天相似程度高的历史天，能够有效提升电价预测效果。

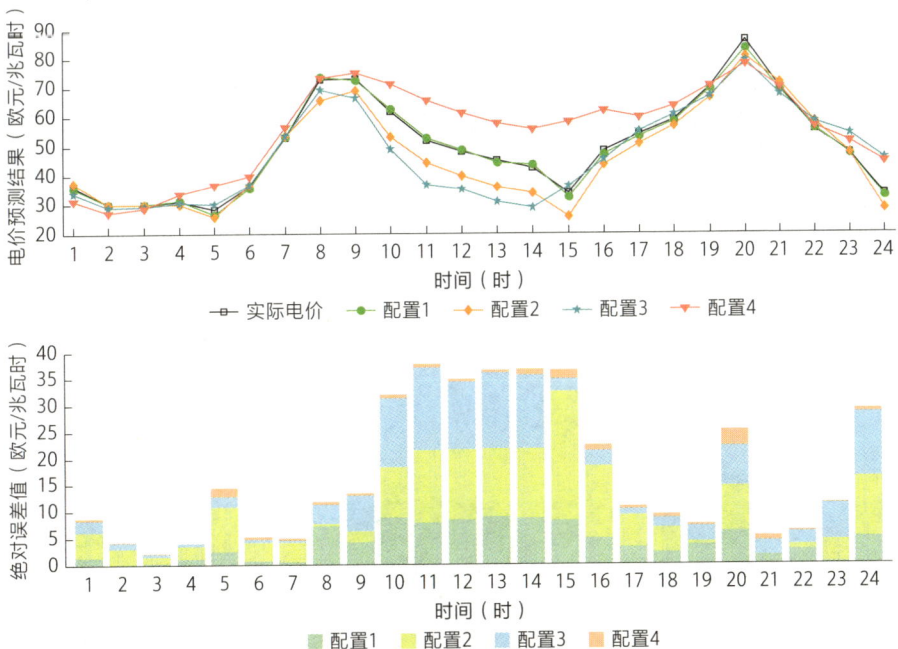

图 3-19 不同模型电价预测结果

（2）配置 3 模型的绝对误差值大于配置 2 模型，说明对于波动性较强的电力现货市场电价序列，对其进行分解对于提高预测精度效果显著，本书提出的 CEEMD-SE 组合数据预处理策略对于波动性强的时间序列有较强的适用性，在新能源发电功率预测与电力现货市场价格预测中均能够提升模型预测效果。

（3）配置 4 模型的绝对误差值大于配置 3 模型，说明对于电力现货市场价格预测问题，采用具有自学习能力的 LSTM 模型优于基础机器学习模型。

不同模型配置的误差指标计算结果如表 3-8 与图 3-20 所示。配置 1 模型所有误差指标均最小，各个误差指标明显优于其他模型。RMSE 指标对于异常值较为敏感，当预测结果中有个别预测点与实际值差别较大时 RMSE 的值增幅较大。本书构建组合预测模型在 RMSE 指标上最高提升 8.11 欧元 / 兆瓦时，在 MAE 指标上最高提升 5.07 欧元 / 兆瓦时，在 MAPE 指标上提升高达 14.58%，对电价预测的提升效果显著。

为进一步验证本书构建的 RF-IAGIV-CEEMD-SE-LSTM 模型具有更准

表 3-8　　　　　　　　　　预测模型评价指标的计算结果

误差指标	RF-IAGIV-CEEMD-SE-LSTM	CEEMD-SE-LSTM	LSTM	BPNN
	配置 1	配置 2	配置 3	配置 4
RMSE（欧元 / 兆瓦时）	0.99	5.10	7.44	9.10
MAPE（%）	1.56	8.28	11.21	16.14
MAE（欧元 / 兆瓦时）	0.39	2.95	3.48	5.46

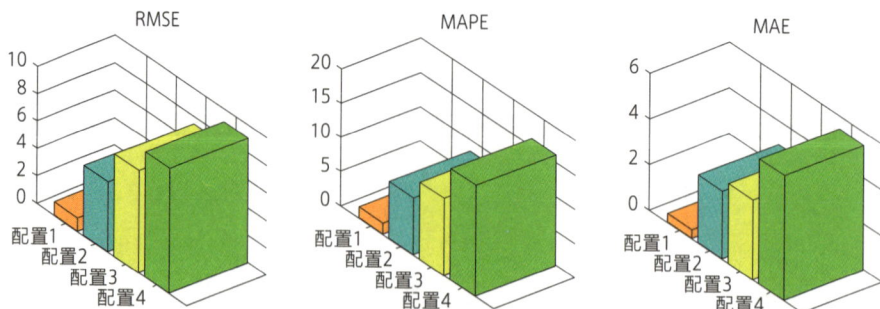

图 3-20　不同预测模型的误差指标

确的预测性能，采用了配对样本 t 检验，对 RF-IAGIV-CEEMD-SE-LSTM、CEEMD-SE-LSTM、LSTM、BPNN 的预测结果进行显著性检验，置信区间设为 95%。不同预测模型的计算结果见表 3-9。

对比表 3-9 中配对 t 样本检验结果，模型配置 1 相较于模型配置 3、配置 4，其预测结果的相关系数均接近于 1，且 Sig=0.000，说明模型配置 3、配置 4 与模型配置 1 得到的新能源发电功率预测结果相关性较高，且模型配置 1 预测结果与模型配置 3、配置 4 的预测结果存在显著性差异，说明本书构建的预测模型对于电力现货市场电价预测具有较强的显著性。模型配置 1 相较于配置 2 的显著性较弱，分析原因是改进后的模型对于异变点的预测具备较好的拟合效果。

表 3-9　　　　　　电力现货市场电价预测模型的 t 检验结果

模型配置对比	配对样本 t 检验					
	相关系数	均值	标准差	t	df	Sig（双侧）
配置 1 & 配置 2	0.922	6.349	18.547	−8.974	23	0.631
配置 1 & 配置 3	0.899	7.165	8.738	−8.510	23	0.055
配置 1 & 配置 4	0.843	9.054	5.358	−0.400	23	0.001

第 4 章

计及新能源与中长期市场影响的
现货日前市场交易优化

随着新能源不断发展和电力体制改革逐渐深化，依据中国高比例新能源并网的态势与能源转型发展的要求，亟须构建新能源参与的、中长期市场与现货市场相结合的市场交易机制。以中长期交易实现较大规模的资源优化配置，以现货市场（本章指日前市场）的灵活交易特性缓解新能源波动性带来的调峰调频问题，构建符合我国国情的"中长期＋现货"的电力市场交易模式。

4.1　计及新能源与中长期市场的日前市场交易模式

如何在电力现货市场出清模型中处理好中长期合约物理交割与电网运行约束间的衔接问题，有效协调中长期合约电力市场与现货市场出力间的矛盾，是当前分散式现货市场出清模型设计的关键。

分散式市场与集中式市场最为关键的区别在于，分散式市场中，市场主体可签订中长期实物合同，当用电需求与中长期合约产生偏差时，可依据主体意愿参与电力现货市场交易；而集中式市场则要求全电量参与现货市场，中长期交易合约为差价合约、期货期权等金融合约。本书研究过程中选择的市场成员包括发电商（包含常规火电发电商与新能源发电商）、用户（同时包含售电公司）以及电力交易中心，当前研究采用单边报价机制，仅发电商参与市场报价，暂不考虑用户侧参与报价。

计及中长期交易与新能源参与的电力现货市场出清机制主要包括四个步骤。

步骤 1，日前市场启动前，依据市场规则分解各交易主体购买的总合约电量，实现长短期交易衔接，分解尺度为日；交易中心发布次日系统负荷预测结果。

步骤 2，日前市场开始后，参与电力现货市场的常规发电商向交易中心提交投标电量与价格，进行电量以及价格申报，向交易中心提交发电机组参数信息，备用容量报价信息；新能源发电商提供第二日的风电出力预测结果与价格。

步骤 3，由交易中心整合信息并形成供需曲线，依据市场主体申报情况运行出清模型进行日前电力市场出清，对出清模型进行安全校验，同时检验市场出清机组出力及电价合理性。

步骤 4，交易中心发布出清结果，包括市场主体的中标电量与各节点出清价格，并依据中标电量与各节点出清价格形成日前调度计划。

新能源参与的现货日前市场交易流程如图 4-1 所示。

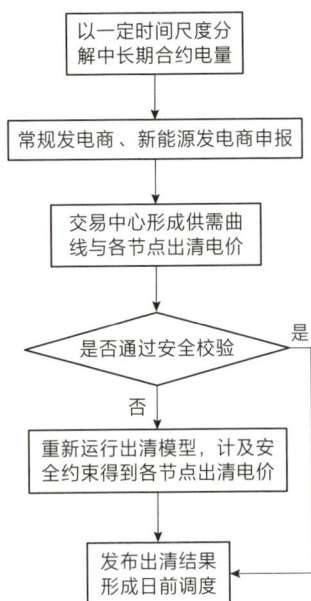

图 4-1　新能源参与的现货日前市场交易流程

4.2　中长期合约电量分解模型

本书研究的重点是设计中长期合约物理分割与电力现货市场的衔接机制，构建相应的中长期—现货按市场联合出清模型，实现中长期合约分解与电力现货市场出清的联合优化。设计考虑火电厂合约电量完成进度偏差的中长期合约电量分解模型，不仅能降低市场风险，也有利于系统安全经济运行。

4.2.1　目标函数

目标函数 f 采用方差来描述火电厂合约电量完成进度偏差，计算公式如下

$$f = \min \frac{1}{G} \sum_{g=1}^{G} (c_{g,time} - \overline{c}_{time})^2 \tag{4-1}$$

$$c_{g,time} = \frac{\sum\limits_{time=1}^{j} q_{g,time} \sum\limits_{time=1}^{Time} M_{g,time}^{\max}}{Q_g \sum\limits_{t=1}^{j} M_{g,time}^{\max}}$$ （4-2）

式中 $c_{g,time}$——火电厂 g 的合约进度系数，为前 j 个时间范围内，火电厂 g 发电能力使用率与整个合约周期内最大发电能力使用率之比；

$\overline{c}_{time}$——所有竞价机组截至第 $time$ 个时间段的平均完成进度，%；

$q_{n,time}$——机组在第 $time$ 个时间段的分解电量，兆瓦时；

Q_g——火电厂 g 的总合约电量，兆瓦时；

G——火电厂数量，个；

$M_{g,time}^{\max}$——火电厂 g 在时段 $time$ 的最大上网电量，兆瓦时。

4.2.2 约束条件

4.2.2.1 合约电量平衡约束

$$\sum_{time=1}^{Time} q_{n,time} = Q_n (n = 1, 2, \cdots, N)$$ （4-3）

式中 Q_n——第 n 台发电机组的总合约电量，兆瓦时。

4.2.2.2 可分解电量约束

$$\sum_{n=1}^{N} q_{n,time} \leqslant Q_{time}$$ （4-4）

式中 Q_{Time}——分解尺度内的可分解总电量，兆瓦时。

4.2.2.3 机组发电量约束

$$Q_{n,time}^{\min} \leqslant q_{n,time} \leqslant Q_{n,time}^{\max}$$ （4-5）

式中 $Q_{n,time}^{\min}$、$Q_{n,time}^{\max}$——发电机组在时段 $time$ 内的最小、最大发电量，由机组检修情况与其他技术参数确定，兆瓦时。

4.2.2.4 机组日合约电量上下限约束

依据合约完成情况、检修情况及其他技术参数确定，兆瓦时。

$$E_{q,time}^{min} \leqslant q_{n.time} \leqslant E_{q,time}^{max} \qquad (4\text{-}6)$$

4.2.2.5 机组间合约进度偏差约束

$$|c_{g_1,time} - c_{g_2,time}| \leqslant \delta \qquad (4\text{-}7)$$

式中　δ——系统允许的任意两机组间的合约进度偏差限值，%。

4.3　系统不确定性分析及建模

4.3.1　新能源出力不确定性

4.3.1.1　风电出力不确定性

风力发电功率与风速这一气象指标相关性最强，风力发电出力不确定性的常用刻画方法有三种：利用生成随机序列的方法进行刻画；基于概率密度函数进行拟合，常用分布函数有 Weibull 分布、Rayleigh 分布、正态分布、Logistic 分布、t 分布、高斯分布等概率密度分布函数；具备较高预测精度的预测模型对新能源出力分布进行刻画。在此首先对不同概率密度函数进行介绍。

（1）Weibull 分布。

概率密度函数为

$$f_{Wb}(v) = \left(\frac{k}{c}\right)\left(\frac{v}{c}\right)^{k-1} e^{-\left(\frac{v}{c}\right)^k}, \; c > 0 \text{且} k > 0 \qquad (4\text{-}8)$$

累积分布函数为

$$F_{Wb}(v) = 1 - e^{-\left(\frac{v}{c}\right)^k} \qquad (4\text{-}9)$$

式中　v——风速，米/秒；

　　　c、k——该分布的比例参数和形状参数。

（2）Rayleigh 分布。

概率密度函数为

$$f_R(v) = -\frac{v}{\sigma^2}e^{\left(-\frac{v^2}{2\sigma^2}\right)}, \ \sigma > 0 \tag{4-10}$$

累积分布函数为

$$F_R(v) = -\frac{1}{2}e^{-\frac{v^2}{2\sigma^2}} \tag{4-11}$$

式中 σ——方差。

（3）正态分布。

概率密度函数为

$$f_N(v,\mu,\sigma) = \frac{1}{\sigma\sqrt{2\pi}}\exp\left[-\frac{(v-\mu)^2}{2\sigma^2}\right] \tag{4-12}$$

累积分布函数为

$$F_N(v,\mu,\sigma) = \frac{1}{2}\left[1 + \mathrm{erf}\left(\frac{v-\mu}{\sigma\sqrt{2}}\right)\right] \tag{4-13}$$

式中 μ——均值。

（4）Logistic 分布。

概率密度函数为

$$f_L(v,\mu,\sigma) = \frac{\exp\left(\dfrac{v-\mu}{\sigma}\right)}{\sigma\left[1+\exp\left(\dfrac{v-\mu}{\sigma}\right)\right]^2} \tag{4-14}$$

累积分布函数为

$$F_L(v,\mu,\sigma) = \frac{1}{1+\exp\left(\dfrac{v-\mu}{\sigma}\right)} \tag{4-15}$$

（5）高斯分布。

概率密度函数为

$$f_G(v,\mu,\sigma)=\frac{1}{\sigma\sqrt{2\pi}}e^{\left[-\frac{(v-\mu)^2}{2\sigma^2}\right]} \tag{4-16}$$

累积分布函数为

$$F_G(v,\mu,\sigma)=\frac{1}{\sigma\sqrt{2\pi}}\int_{-\infty}^{v}e^{\left[-\frac{(v-\mu)^2}{2\sigma^2}\right]}\mathrm{d}v \tag{4-17}$$

基于单一分布函数在表征风电出力的不完备的情况，采用改进的混合分布函数（BS）。该分布函数在表征风速分布时具有更强的泛化能力，灵活性强精度较高。BS 分布是一种双参数概率分布，用于非负数据的建模，是一个非对称的概率模型，具有两个参数决定分布的形状与规模。BS 分布函数已广泛应用于科学领域，对于表征风电出力具有较强的适用性。

设定 MAPE 作为衡量风电出力分布拟合效果的指标计算公式如下

$$\mathrm{MAPE}=\frac{1}{N}\sum_{i=1}^{N}\left|\frac{f(v_i)\,\square\,N_i}{N_i}\times100\%\right| \tag{4-18}$$

式中　　N——风速频率分布直方图的统计分组数量；

　　　　N_i——第 i 个柱形图的值，即风速；

v_i 和 $f(v_i)$——第 i 个条柱中心线对应的横坐标值以及概率分布函数值。

评价指标 MAPE 越小，对应的概率分布函数拟合直方图的效果越好。

风力发电功率 P_w 与风速 v 的函数关系如下

$$P_{wind}=\begin{cases}0 & ,\ v\leqslant v_{in}\\ a+bv, & v_{in}\leqslant v\leqslant v_r\\ P_r & ,\ v_r< v\leqslant v_{out}\\ 0 & ,\ v> v_{out}\end{cases} \tag{4-19}$$

$$a=\frac{P_r v_r}{v_{in}-v_r},\quad b=\frac{P_r}{-v_{in}} \tag{4-20}$$

式中　v_{in} 和 v_{out}——风机的切入、切出风速；

　　　　v_r——额定风速；

　　　　P_r——额定输出功率；

　　　a、b——常数。

双参数 BS 分布的概率密度函数如下

$$f(v,\lambda,\beta)=\frac{1}{2\sqrt{2\pi}\lambda\beta}\left[\left(\frac{\beta}{v}\right)^{\frac{1}{2}}+\left(\frac{\beta}{v}\right)^{\frac{3}{2}}\right]$$
$$\exp\left[-\frac{1}{2\lambda^2}\left(\frac{v}{\beta}+\frac{\beta}{v}-2\right)\right]$$

（4-21）

式中 λ、β——BS 分布的比例参数，且 $\lambda>0$，$\beta>0$。

考虑到风速在绝大部分时间处于 v_{in} 与 v_r 之间，可将 P_w 与 v 之间的关系近似为一次函数，得到关于 P_w 的概率密度函数如下

$$f(P_w,\lambda,\beta)=\frac{1}{2\sqrt{2\pi}\lambda\beta}\left[\left(\frac{\beta b}{P_w-\alpha}\right)^{\frac{1}{2}}+\left(\frac{\beta b}{P_w-\alpha}\right)^{\frac{3}{2}}\right]$$
$$\exp\left[-\frac{1}{2\lambda^2}\left(\frac{P_w-\alpha}{\beta b}+\frac{\beta b}{P_w-\alpha}-2\right)\right]$$

（4-22）

4.3.1.2 光伏出力不确定性

光伏出力情况相较于风电出力更加复杂，影响光伏发电功率的因素很多，主要包括太阳辐照度、时间、温度、相对湿度、云量、空间地理位置、光伏阵列安装角度等因素，而以上介绍的应用较为广泛的概率密度函数存在影响因素不够全面的缺陷。基于此，本书采用非参数核密度估计理论刻画光伏出力不确定性。

核密度估计（KDE）是一种用于估计概率密度函数的非参数方法，不需要先验知识且能够较为充分地考虑多种因素的影响。基于非参数核密度估计理论，本书得到光伏出力的概率密度函数 $f(P_s)$ 如下

$$\begin{cases}f(P_s)=\dfrac{1}{nh}\sum_{i=1}^{n}K\left(\dfrac{P_s-P_{s,i}}{h}\right)\\K(u)=\dfrac{1}{\sqrt{2\pi}}e^{-u^2/2}\end{cases}$$

（4-23）

式中 P_s——光伏出力；

n——样本数量；

h——带宽；

$P_{s,i}$——光伏电站输出功率样本。

4.3.1.3 新能源出力不确定性综合模型

序列运算理论最初产生于电力系统领域，以数字信号处理中的序列卷积计算为基础，经过数学抽象发展成为一个解决复杂离散型概率问题的强有力工具。序列运算理论已被成功应用于随机生产模拟、电力市场不确定性分析等领域，具有计算便捷、概念清晰等显著优势，在电力系统不确定性分析领域有巨大应用潜力。

序列运算以概率性序列刻画随机变化的概率分布，定义序列间的运算求解随机变量相互运算后产生新的概率分布。运算过程中，通过对随机变量的离散化处理，实现了计算过程中对不确定性状态的合并，在保证计算精确度的基础上提升运行速度。两个概率性序列经过序列运算后仍保持概率性序列的特征，序列运算后的期望值为运算前两序列的期望值之和。

对于随机变量 α，其概率密度函数为 $f_\alpha(\alpha)$，随机变量的定义域为 $[0, \alpha_{max}]$，设变量的离散化间隔为 $\Delta\tau$，则此时随机变量 α 对应的概率性序列 $\alpha(i)$ 可表示为

$$\alpha(i) = \int_{i\Delta\tau - \Delta\tau/2}^{i\Delta\tau + \Delta\tau/2} f_\alpha(\alpha)d\alpha, i = 0,1,\cdots,N_\alpha \tag{4-24}$$

式中　N_α——序列 $\alpha(i)$ 的长度，$N_\alpha = \langle \alpha_{man}/\Delta\tau \rangle$。

当 α 不具备连续概率密度函数时，$\alpha(i)$ 可依据其概率分布函数来表示

$$\alpha(i) = F_\alpha\left(i\Delta\tau + \frac{\Delta\tau}{2}\right) - F_\alpha\left(i\Delta\tau - \frac{\Delta\tau}{2}\right), i = 0,1,\cdots,N_\alpha \tag{4-25}$$

式中　N_α——序列 $\alpha(i)$ 的长度，$N_\alpha = \langle \alpha_{man}/\Delta\tau \rangle$。

序列 $\alpha(i)$ 为随机变量 α 在其取值范围内对应概率的离散化表示。

随机变量 β 对应的概率性序列为 $\beta(i)$，序列长度为 N_β，当随机变量 α 与 β 互相独立时，序列 $\alpha(i)$ 与序列 $\beta(i)$ 的卷和运算方法如下

$$x(i) = \sum_{i_\alpha + i_\beta} \alpha(i_\alpha) + \beta(i_\beta), i = 0,1,\cdots,N_\alpha + N_\beta \tag{4-26}$$

概率性序列 $x(i)$ 可近似认为是随机变量 α 与随机变量 β 的概率分布，计算误差由离散化间隔 $\Delta\tau$ 的设置。在序列运算中还定义了卷差、交积、并积、序乘、序除等运算规则。

Copula 理论用于描述变量之间的相依结构。相依结构理论将多个随机变量的联合概率分布表示为各自边缘分布的"连接"。相依概率性序列运算为基本序列运算的进一步发展，能够实现非独立概率性序列之间的合并。以卷和计算为例，概率性序列 $\alpha(i)$ 与 $\beta(i)$ 的相依卷和为

$$x(i) = \sum_{i_\alpha + i_\beta} s_C(i_\alpha, i_\beta) \cdot \alpha(i_\alpha) \cdot \beta(i_\beta), i = 0, 1, \cdots, N_\alpha + N_\beta \quad （4-27）$$

式中　$s_C(i_\alpha, i_\beta)$——相依性概率序列 $\alpha(i)$ 与 $\beta(i)$ 的 Copula 序列。

该序列由随机变量 α 与 β 之间的相依结构，Copula 密度函数 C 确定，具体如下

$$s_C(i_\alpha, i_\beta) = C\left[\sum_{m=0}^{i_\alpha} \alpha(m), \sum_{n=0}^{i_\beta} \beta(n)\right] = C[F_\alpha(i_\alpha \Delta\tau), F_\beta(i_\beta \Delta\tau)] \quad （4-28）$$

如式（4-28）所示，在进行相依概率性序列运算时，除对概率性序列中的元素相乘计算外，还须添加一个修正量，其值为两个概率序列生成的 Copula 序列对应的元素，两个序列的相依卷和如下

$$x(i) = \alpha(i_\alpha) \overset{C}{\oplus} \beta(i_\beta) \quad （4-29）$$

本书尝试采用相依序列运算理论对新能源出力不确定性进行分析，将风电出力不确定性与光伏出力不确定性进行概括与合并，使用规范的数学运算法则计算，得到新能源出力不确定性综合模型。风电出力 $f(P_w)$ 与光伏出力 $f(P_s)$ 的概率密度函数均连续，首先将两个出力函数进行离散化处理，生成对应的概率性序列 $F(P_w)$ 与 $F(P_s)$，序列长度分别为 N_w 与 N_s，整合后得到风电与光伏出力不确定综合模型。令 $N_x = N_w + N_s$，具体综合模型计算方法如下

$$\begin{aligned}F_{w,s}(i) &= F_{w,s}(i_{P_w}) \overset{C}{\oplus} \beta(i_{P_s}) \\ &= \sum_{i_{P_w} + i_{P_s} = i} s_C(i_{P_w}, i_{P_s}) \cdot F(i_{P_w}) \cdot F(i_{i_{P_s}}), i = 0, 1, \cdots, N_w + N_s \quad （4-30）\end{aligned}$$

此新能源不确定性综合模型不仅能够合并风电出力与光伏出力的不确定

性，对算例中包含多个风电场与多个光伏电站的情况也具有较强的适应性。多个风电场与光伏电站的出力序列非独立，利用相依概率性序列运算可以得到多个新能源发电站的概率分布，在一定程度上可拓展模型的适用范围。

4.3.2 电力现货价格不确定性

电力现货价格可视为等间隔采样的时间序列，经过本书第三章的论证，新能源发电相关指标会对电力现货市场价格造成影响。因此，在电力现货市场交易的研究中，必须考虑新能源发电接入电力系统后对电价造成的影响。新能源优序效应会影响电力现货市场出清价格，须将电力系统中新能源发电指标考虑至电力现货市场价格中，以体现现货市场价格的动态变化。经过第三章的研究，与第四章中电力现货市场价格预测模型，本书采用新能源发电占比（以下采用新能源渗透率进行描述）这一指标，将其添加至电力现货市场价格中，以准确描述电力现货市场中的电价。由于风电渗透率、电价、时间三者的非线性映射，本章分别以时间、新能源渗透率作为自变量，电价为因变量进行曲线拟合，确定各自曲线方程。而后以多元线性回归分析描述电力现货市场价格，并对回归模型进行检验，选择判定系数 R^2 进行拟合优度检验，R^2 定义如下

$$R^2 = \frac{SSR}{SST} = 1 - \frac{SSE}{SST} = 1 - \frac{\sum (y - \hat{y})^2}{\sum (y - \overline{y})^2} \qquad (4\text{-}31)$$

式中 SSR——回归平方和；

SSE——残差平方和；

SST——总离差平方和；

R^2——取值区间 $[0,1]$，R^2 取值越大则说明模型拟合效果更优。

利用 F 检验对回归方程进行显著性检验。F 统计量的定义为

$$F = \frac{SSR/k}{SSE/(n - k - 1)} \qquad (4\text{-}32)$$

式中 n——统计样本数量；

k——自变量个数。

对于 F 检验结果，F 取值越大，则说明回归方程的拟合优度更高。

4.4 计及新能源与中长期合约电量分解的现货日前市场优化模型

4.4.1 目标函数与约束条件的建立

4.4.1.1 目标函数

新能源参与电力现货市场的目的是节能降耗、最大化系统经济效益。本书出清优化模型的经济性由日前市场购电成本和惩罚成本两部分构成。节能减排效益由节能效益和减排效益两部分构成。

（1）系统经济效益目标。

1）购电成本包括日前市场中的购电成本和为应对新能源不确定性提供的备用容量成本，表达式如下

$$W_1^S = \sum_{t=1}^{T}\sum_{n=1}^{N}\left[\varphi_{n,t}^C q_t + (\varphi_{n,t}^U r_{n,t}^U + \varphi_{n,t}^D r_{n,t}^D)\right] \tag{4-33}$$

式中　　W_1^S——系统购电成本；

　　　　T——日前电力现货市场全天时段数，一般以 1 小时为间隔，

　　　　$T=24$；

　　　　$\varphi_{n,t}^C$——t 时段机组 n 的中标量；

　　　　q_t——t 时段电力现货市场出清价格；

　　$r_{n,t}^U$、$r_{n,t}^D$——t 时段机组 n 的上调和下调备用容量；

　　$\varphi_{n,t}^U$、$\varphi_{n,t}^D$——t 时段机组 n 的上调备用和下调备用报价。

2）惩罚成本，备用容量的不足，将引起系统失负荷或弃能。

$$w_L = c_L \omega_1 \sum_{t=1}^{T} d_t^L \tag{4-34}$$

$$w_W = c_W \omega_2 \sum_{t=1}^{T} d_t^W \tag{4-35}$$

式中　　w_L、w_W——失负荷惩罚成本与弃能惩罚成本，元；

　　　　c_L、c_W——失负荷、弃能惩罚因子；

　　　　ω_1、ω_2——失负荷、弃能情况出现的概率，%；

　　　　d_t^L、d_t^W——t 时段的失负荷量与弃能量，兆瓦时。

（2）节能减排目标。

本书采用煤耗成本最小作为节能目标，污染物排放成本最小作为减排目标。

1）节能目标为煤耗成本最小，具体如下

$$F_1^S = \sum_{n=1}^{N} \sum_{t=1}^{T} u_{n,t}(a_n + b_n P_{n,t} + c_n P_{n,t}^2) \qquad (4\text{-}36)$$

式中 $u_{n,t}$——[0,1] 变量，用来描述机组 n 在 t 时刻的开停机状态；

    $P_{n,t}$——火电机组 n 在时刻 t 的出力，兆瓦；

a_n、b_n 与 c_n——火电机组 n 的煤耗系数。

2）减排目标是衡量火力发电机组由于污染物排放造成需要缴纳的排污费用，本书的污染物指 SO_x 和 NO_x 气体，具体函数为

$$F_2^S = F_1^S (\eta_S \xi_S + \eta_N \xi_N)/m \qquad (4\text{-}37)$$

式中 η_S、η_N——分别为 SO_x 和 NO_x 的排放当量；

    ξ_S、ξ_N——分别为排放单位质量污染物所需缴纳的排污费；

    m——煤炭价格。

综上所述，计及新能源的日前电力现货市场的目标函数如下。

系统经济效益目标为

$$\min F_1 = (W_1^S + w_L + w_W) \qquad (4\text{-}38)$$

节能减排目标为

$$\min F_2 = (F_1^S + F_2^S) \qquad (4\text{-}39)$$

4.4.1.2 约束条件

（1）系统功率平衡约束。系统功率平衡约束要求所有机组在 t 时段的出力之和等于系统负荷，具体如下

$$\sum_{n=1}^{N} u_{n,t} P_{n,t} + \sum_{m=1}^{M} u_{m,t} P_{m,t} = Load_t \qquad (4\text{-}40)$$

式中 $P_{n,t}$——竞价机组 n 在 t 时段的出力，兆瓦；

    $P_{m,t}$——非竞价机组 m 在 t 时段的出力，兆瓦；

  $Laod_t$——系统在 t 时段的负荷需求，兆瓦。

（2）常规机组出力约束。常规机组在 t 时段的出力处于机组最小出力与最大出力之间，同时小于申报出力。

$$\begin{cases} P_{n,t}^{\min} \leqslant P_{n,t} \leqslant P_{n,t}^{\max} \\ 0 \leqslant P_{n,t} \leqslant P_{n,t}^{\text{smax}} \end{cases} \tag{4-41}$$

式中　$P_{n,t}^{\min}$、$P_{n,t}^{\max}$——机组 n 在 t 时段的最小出力和最大出力，兆瓦；

$\qquad P_{n,t}^{\text{smax}}$——发电机组在对应报价段的申报，兆瓦。

（3）新能源发电机组出力约束。将失负荷量和弃能量作为决策变量，确保同一时段负荷及新能源发电机组出力相等。

$$\Delta P_t^L - d_t^L = \Delta P_t^{L+1} - d_t^{L+1} \tag{4-42}$$

$$\Delta P_t^w - d_t^w = \Delta P_t^{w+1} - d_t^{w+1} \tag{4-43}$$

式中　ΔP_t^L——t 时段负荷预测误差，兆瓦；

$\qquad \Delta P_t^w$——t 时段新能源发电功率预测误差，兆瓦。

（4）失负荷量、弃能量约束。规定失负荷量、弃能量需小于预测值与预测误差之和。

$$0 \leqslant d_t^L \leqslant P_{ft}^L + \Delta P_t^{L+1} \tag{4-44}$$

$$0 \leqslant d_t^w \leqslant P_{ft}^w + \Delta P_t^{w+1} \tag{4-45}$$

其中，P_{ft}^L、P_{ft}^w 分别为 t 时段负荷、新能源发电出力预测值，兆瓦。

（5）常规机组爬坡约束。高比例新能源并网将导致火电机组爬坡压力提升，提高系统运行成本，因此，本文设定常规火电机组爬坡约束。

$$-P_n^{down} \leqslant P_{n,t} - P_{n,t-1} \leqslant P_n^{up} \tag{4-46}$$

式中　P_n^{down}——机组 n 调度时间间隔内最大上调速率；

$\qquad P_n^{up}$——机组 n 调度时间间隔内最大下调速率。

（6）线路潮流约束。线路潮流约束规定线路不得超过线路最大传输功率。

$$p_{lt}^f \leqslant P_l^{\max} \tag{4-47}$$

式中　P_{lt}^f——线路 l 在 t 时段的有功潮流，兆瓦；

$\qquad P_l^{\max}$——线路 l 的最大功率，兆瓦。

（7）系统备用容量约束。日前市场存在预测误差相对较高的新能源电力接入，备用容量约束如下：

$$\begin{cases} \sum_{n=1}^{N} \varphi_{n,t}^{C} + r_{n,t}^{U} \leqslant \sum_{n=1}^{N} P_{n,t}^{\max} \\ \sum_{n=1}^{N} \varphi_{n,t}^{C} - r_{n,t}^{D} \leqslant \sum_{n=1}^{N} P_{n,t}^{\min} \end{cases} \qquad （4\text{-}48）$$

（8）中长期合约电量执行约束。非竞价机组出力总和应满足中长期合约电量偏差允许范围内。

$$(1 - \rho_n) q_{n,time} \leqslant \sum_{t=1}^{T} u_{n,t} P_{n,t} \Delta t \leqslant (1 + \rho_n) q_{n,time} \qquad （4\text{-}49）$$

式中　$q_{n,time}$——中长期合同电量分解模型得到的第 $time$ 个时段的执行电量，兆瓦时；

　　　ρ_n——竞价机组 n 的完成电力偏差允许系数，本书取 $\rho_n=2\%$；

　　　Δt——相邻交易时段间隔，本书设定为 1 小时。

4.4.2 多目标函数的模糊优选处理

由于本书构建的计及中长期合约电力分解与新能源参与的日前市场出清模型为多目标模型，在计算过程中须采用模糊优选处理对多目标函数进行转换。模糊优选处理的实质为采用相对隶属度将多目标问题转化为单目标问题，对于本书构建的日前电力市场出清模型，系统经济效益目标与节能减排目标均以成本的方式体现，在满足约束条件的基础上，目标值越小，所得到候选解与最优理想解越接近，对应解的隶属度也越大。本书所采用的模糊优选处理方法的步骤如下。

步骤 1，分别以系统经济效益和节能减排作为单目标并求解。

步骤 2，在求得的系统经济效益和节能减排单目标最优解中，找出目标 ξ 的最大值与最小值，分解记为 $F_{\xi}^{\max}$ 和 $F_{\xi}^{\min}$。

步骤 3，对目标进行规格化处理。本书中选择的目标均为求解最小值，因此可采用以下规格化处理方法

$$r_{\xi,i} = \frac{F_{\xi}^{\max} - F_{\xi,i}}{F_{\xi}^{\max} - F_{\xi}^{\min}} \qquad （4\text{-}50）$$

式中　　i——候选解序号，$i=1,2,\cdots,I$，总数为 I；

　　　　ξ——目标函数序号，$\xi=1,2,\cdots,Q$，总数为 Q，对本书中的多目标出清优化模型而言，$Q=2$；

　　　　$F_{\xi,i}$——第 i 个候选解所对应的第 ξ 个目标的值；

　　　　r_ξ——第 i 个候选解对于第 ξ 个目标的相对隶属度。

步骤4，依据多目标模糊优选理论，将原本的多目标出清优化问题转化为以相对隶属度为基准的单目标优化问题进行求解。转化后的单目标问题如下

$$\begin{cases} \max F = \theta\left(F' - F'^{\min}\right) \\ F' = \left\{1 + \sum_{\xi=1}^{Q}\left[\lambda_\xi(1-r_{i,\xi})\right]^2 \Big/ \sum_{\xi=1}^{G}\left(\lambda_\xi r_{i,\xi}\right)^2\right\}^{-1} \end{cases} \qquad (4\text{-}51)$$

式中　　F'——多目标隶属度函数；

　　　　$F'^{\min}$——最差候选解的相对隶属度；

　　　　θ——权重放大系数，可以降低数值精度对于隶属度结果的影响；

　　　　λ_ξ——目标 ξ 的权重，权重代表各个目标的相对重要度，$\lambda_\xi=1/Q$，对本书的出清目标优化问题而言，采用等权重。

4.4.3　基于 GA-PSO 的优化模型求解算法

GA 具有优越的全局搜索能力，但局部搜索能力较差；粒子群算法（PSO）以梯度下降法最为迭代算法，收敛速度快，但容易出现早熟现象，陷入局部最优解，造成全局搜索能力较差。基于 GA 与 PSO 两种算法的优劣势，本书将两种算法结合起来进行优化，整体出清模型的求解算法为双层优化模型，在 PSO 算法迭代的过程中，将 GA 算法的遗传引入到 PSO 算法中粒子速度与位置向量的更新上，克服单一算法的局限性。

4.4.3.1　粒子群算法

经典 PSO 算法是在一个 n 维空间中进行搜索，所有的粒子都有一个由被优化的函数决定的适值（fitness value），粒子不断改变自己的位置在解空间内搜索。在每一次迭代中，粒子通过跟踪两个极值进行更新，粒子本身找到的最优解，称为个体极值；整个种群目前找到的最优解，称为全局极值。

在一个 D 维的目标搜索空间中，有 N 个粒子组成的一个群落，其中第 i 个粒子表示一个 D 维的向量，具体如下

$$X_i = (x_{i1}, x_{i2}, \cdots, x_{iD}), i = 1, 2, \cdots, N \tag{4-52}$$

第 i 个粒子的速度是一个 D 维的向量，记为

$$V_i = (v_{i1}, v_{i2}, \cdots, v_{iD}), i = 1, 2, \cdots, N \tag{4-53}$$

第 i 个粒子迄今为止搜索到的最优位置称为个体极值，记为

$$p_{best} = (p_{i1}, p_{i2}, \cdots, p_{iD}), i = 1, 2, \cdots, N \tag{4-54}$$

整个粒子群迄今为止搜索到的最优位置称为全局极值，记为

$$g_{best} = (p_{g1}, p_{g2}, \cdots, p_{gd}), i = 1, 2, \cdots, N \tag{4-55}$$

在找到这两个最优值时，粒子更新自己位置和速度的公式如下

$$v_{id} = w \times v_{id} + c_1 r_1 (p_{id} - x_{id}) + c_2 r_2 (p_{gd} - x_{id}) \tag{4-56}$$

$$x_{id} = x_{id} + v_{id} \tag{4-57}$$

在粒子群算法中，惯性权重 w 是最重要的参数。针对 PSO 算法容易早熟及后期容易在全局最优解附近产生振荡现象，提出了线性递减权重法，即惯性权重依照线性从大到小递减，其变化公式为

$$w = w_{max} - \frac{t \times (w_{max} - w_{min})}{t_{max}} \tag{4-58}$$

式中　w_{max}——权重惯性最大值；

　　　w_{min}——惯性权重最小值；

　　　t——当前迭代步数。

w 只与迭代次数线性相关，不能较好地适应那些具有复杂、非线性变化特征的问题。本书提出的 GA-PSO 算法具有良好的全局与局部搜索能力。

4.4.3.2　遗传算法

GA 算法是基于自然选择进化的基础上发展的并行随机搜索算法，包括选择、交叉与变异三种遗传手段，具备良好的全局搜索能力，鲁棒性较强。

个体对环境的适应程度称为适应度，引入了对每条染色体都能进行度量的函数，叫适应度函数，用来计算个体在群体中被使用的概率。轮盘赌方法是常用的选择方法，各个个体被选择的概率与其适应度成比例，个体适应度

值越大，被选择的概率越高。群体大小为 n，其中个体 i 的适应度为 F_i，则 i 被选择的概率为

$$p_i = F_i \bigg/ \sum_{i=1}^{n} F_i \qquad (4\text{-}59)$$

交叉与变异是初始"染色体"向最优"染色体"进化的关键。计算出群体中各个个体的选择概率后，进行多轮选择，选择出交配个体。个体被选后，可随机成交配对，以交叉操作。交叉算子为算法随机确定的一个或多个交叉点位置，变异算子则是随机算子一条染色体的一个基因位置，按照一定规则变异。具体以 A、B、C、D 这 4 条染色体为例，其中 A1、A2，B1、B2，C1、C2，D1、D2 均为二进制编码，描述遗传算法中"染色体"单点交叉和单点变异运算，具体规则如图 4-2 和图 4-3 所示。

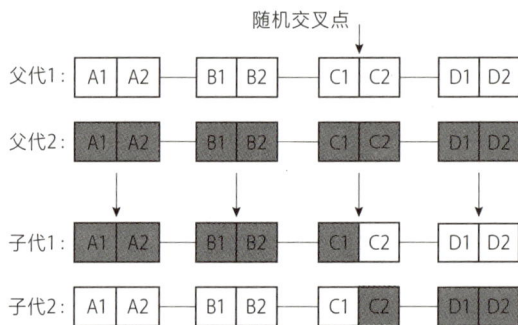

图 4-2　遗传算法的单点交叉运算

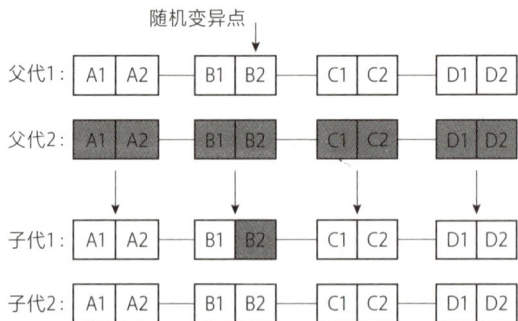

图 4-3　遗传算法的单点交叉运算

4.4.3.3 GA-PSO 组合优化算法

本书采用基于 GA-PSO 优化算法的粒子群算法求解所构建模型，能够不断选择更为合理的惯性权重，避免陷入局部最优，能较好地适应那些具有复杂、非线性变化特征的优化问题。GA-PSO 模型的求解流程如图 4-4 所示。

步骤 1，初始化算法参数，基于问题规模初始化粒子个数，构成初始粒子群，并以 x_{iD} 为粒子位置初始化粒子群算法的种群。

步骤 2，对初始种群进行合规化校验，不合规则返回步骤 1 重新生成参数。

步骤 3，约束条件作为罚函数，计算粒子的适应度，找出个体与全局最优。

步骤 4，依据式（4-56）～式（4-57）对粒子位置、速度与惯性权重进行更新。

步骤 5，遗传算法交叉处理，依次与个体最优值进行交叉处理，与全局最优值进行交叉处理，并进行合规化处理，得到子代。

步骤 6，对算法搜索的染色体位置进行变异操作。

步骤 7，算法停止输出全局最优解及对应的粒子位置，否则返回步骤 3。

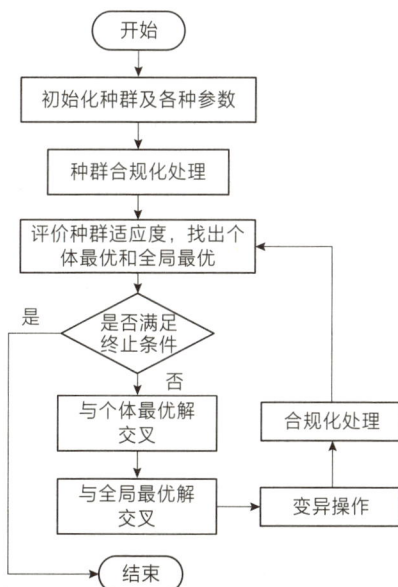

图 4-4　GA-PSO 模型求解流程图

4.5 现货日前市场交易优化仿真分析

4.5.1 算例设置

本书以 IEEE-30 标准节点系统对计及新能源不确定性与中长期合约电量分解的日前市场交易情况进行模拟，该节点系统的网络拓扑图见图 4-5。

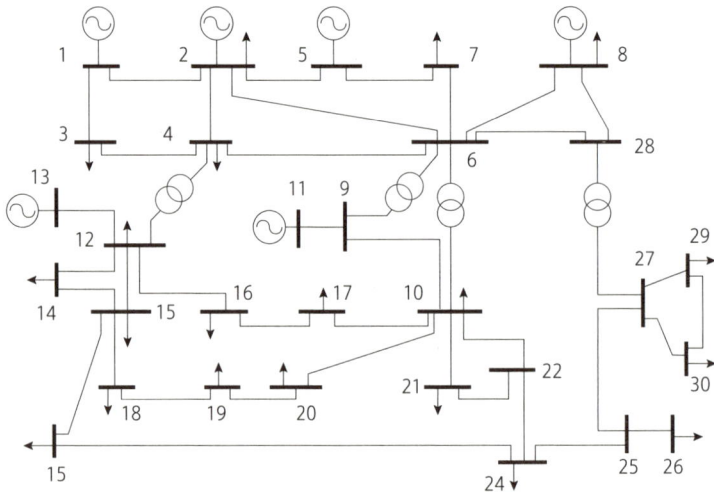

图 4-5　IEEE 30 节点系统网络拓扑图

该 IEEE-30 节点系统总装机容量 1794 兆瓦，包含 6 台常规机组与 1 个新能源发电站，一个额定容量为 184 兆瓦的风电场。各常规机组（即火电机组）的相关参数来自参考文献，机组配置情况及参数见表 4-1。

规定 G1~G3 三台常规机组参与中长期合同交易，其余 3 台常规机组与 1 台新能源发电机组为全现货交易，G1~G6 六台常规发电机组隶属于不同火电厂，设置 IEEE-30 节点中每一发电机组归属于不同一节点处。算例中现货日前市场运行时段长为 1 小时，共计 24 个时段，失负荷与弃能惩罚成本均设定为 500 元 / 兆瓦时，系统旋转备用容量设为交易日负荷的 20%。

测试系统采用某日北欧电力现货市场中 DK1 区域 24 小时内的负荷数据，如图 4-6 所示，实际算例测试中对其进行等比例缩小以满足系统机组容量配置。

表 4-1 机组配置情况及参数

机组	P^{min}/P^{max} / 兆瓦	S /（元 / 兆瓦时）	ΔP^{max} / 兆瓦	机组煤耗系数 /（元 / 兆瓦时）		
				a_n	b_n	c_n
G1	80/20	335.0	30	3400	238.1	0.58
G2	150/35	348.0	60	1700	232.6	0.55
G3	255/50	341.0	80	1135	220.6	1.16
G4	275/55	333.0	100	2380	239.6	0.29
G5	350/70	342.0	120	3400	272.1	0.11
G6	500/100	345.0	150	5100	203.7	0.24
W1	0/184	—	—	—	—	—

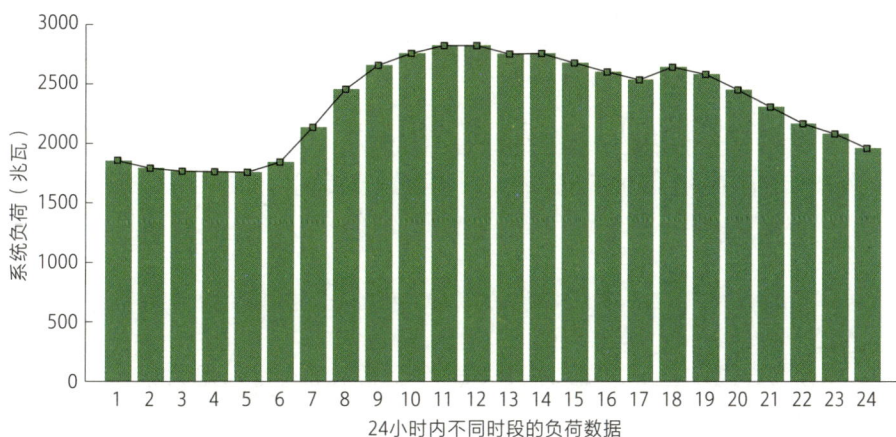

图 4-6 24 小时内不同时段的负荷数据

4.5.2 中长期合约电量分解结果

中长期合约完成进度偏差限制 δ 为 5%，测试日用电量需求为 43056 兆瓦时，所有参与日前市场竞价的机组总的日执行电量为 34036 兆瓦时。机组 G1 在计划日的执行电量上下限分别为 480、1920 兆瓦时，机组 G2 在计划日的执行电量上下限分别为 3750、840 兆瓦时，机组 G3 在计划日的执行电量上下限分别为 1200、6120 兆瓦时，机组 G1~G3 的中长期合约电量分解结果如表 4-2 所示。

表 4-2 中长期合约电量分解结果

机组	$Q_{n,time}^{min}$ / 兆瓦时	$Q_{n,time}^{max}$ / 兆瓦时	$E_{q,time}^{min}$ / 兆瓦时	$E_{q,time}^{max}$ / 兆瓦时	$q_{n,time}$ / 兆瓦时
G1	480	1920	280	1920	1620
G2	840	3750	840	3200	2930
G3	1200	6120	1200	5920	4010

机组 G1、G2 可参与日前市场交易的比例相对较低，G3 机组可在日前市场参与充分参与竞价。在后续的日前现货市场出清模型中，将基于中长期合约电量占比较高的情景进行现货日前市场出清。

4.5.3 系统不确定性求解

4.5.3.1 风电功率密度函数求解

风电场切入、切出风速分别为 4 米 / 秒、25 米 / 秒，额定风速为 15 米 / 秒。对于 BS 分布函数，形状参数 $\lambda=3$，比例参数 $\beta=0.6$，风速概率密度函数为

$$f(v) = \frac{1}{3.394}\left[\left(\frac{0.6}{v}\right)^{\frac{1}{2}} + \left(\frac{0.6}{v}\right)^{\frac{3}{2}}\right]e^{-\frac{1}{18}\left(\frac{5v}{3}+\frac{3}{5v}-2\right)} \tag{4-60}$$

本章在算例设置中，并未在 IEEE-30 节点系统中接入光伏电站，主要原因是考虑光伏发电多为分布式电源，且装机额定容量相对风电较小，发电量占比较低。系统中仅接入风电有利于对于控制单一变量，便于更加深入地进行分析。

4.5.3.2 日前市场价格回归函数

本章中拟采用北欧电力市场 DK1 地区实际日前电价数据，如图 4-7 所示。

为在模型中便于计算，将 DK1 地区日前电价数据单位转换为人民币，通过汇率转换，1 欧元约为 7.72 元人民币，计算得到日前市场价格曲线如图 4-8 所示。实际日前电力市场价格为基于 DK1 地区日前电价数据，以新能源渗透率与时间作为自变量，日前电价作为因变量进行曲线拟合，共同构成多元线性回归方程。

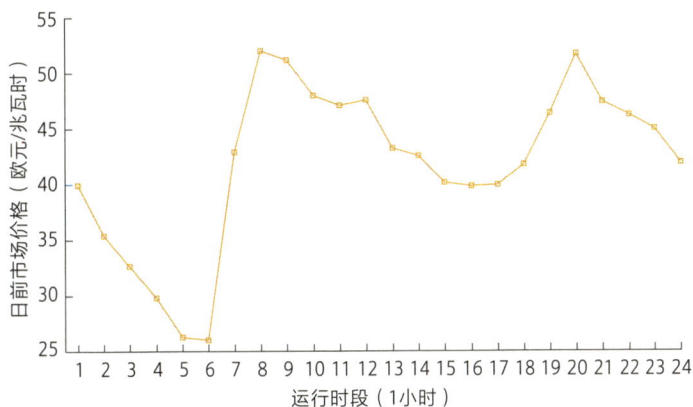

图 4-7　北欧 DK1 地区日前市场价格曲线

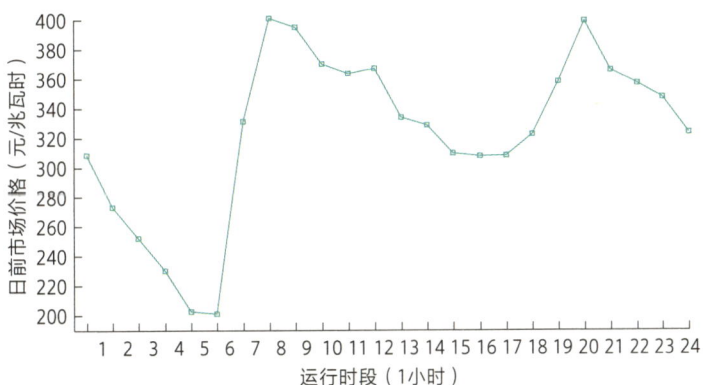

图 4-8　汇率转换后的 DK1 地区日前市场价格曲线

多元线性回归方程的拟合数据采用 DK1 地区 2020 年 1 月 1 日—12 月 31 日的历史数据，新能源渗透率为风力发电与光伏发电渗透率之和，利用 SPSS 数据统计软件进行日前市场多元线性回归分析，并对结果进行分析。

由图 4-9 为回归标准化残差的正态 P-P 图，可以看出多元线性拟合的残差效果较好，回归标准化残差分布直方图如图 4-10 所示。对多元回归方程的统计学意义进行检测，得到回归模型调整后的 R^2 为 0.525，认为总体自变量对于因变量的解释程度达到 52.5%，模型比较稳定。在实际出清过程中以图 4-8 中的日前市场价格曲线为基准，采用经过有效性检验的自回归模型进行模拟。

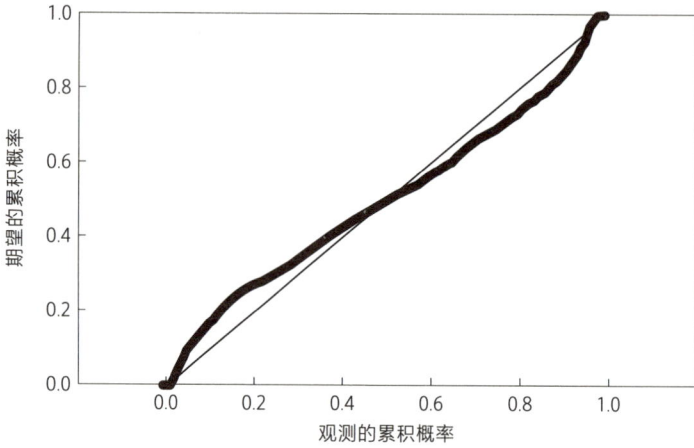

图 4-9 回归标准化残差的正态 P-P 图

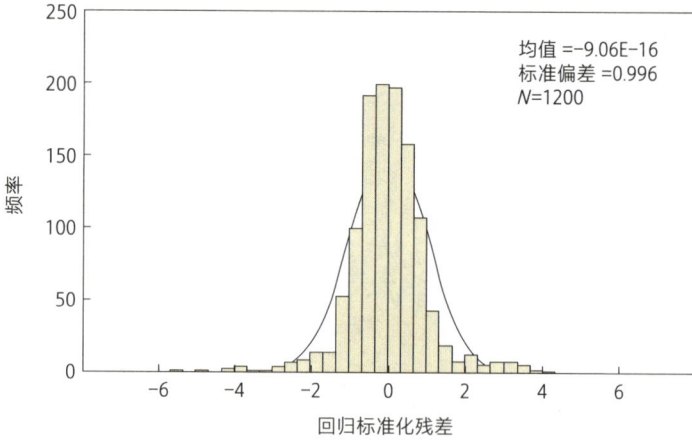

图 4-10 回归标准化残差

4.5.4 现货日前电力市场出清结果

本书在计算日前市场的购电结果时，首先以系统经济效益、节能减排效益作为目标进行日前市场出清计算，而后对计及多目标的现货日前市场交易优化结果进行计算，对比两次出清结果进行相应分析。

4.5.4.1 单目标出清结果

本章算例设置中包含 6 台常规火电机组，其中 G1-G3 机组签订中长期合约，G4~G6 机组与 1 台新能源发电机组全电量参与电力现货市场。机组 G1、G2 不参与日前市场竞价，G3 机组中长期合约电量占比适中，可部分参与市场，G4~G6 机组与 W1 机组全电量参与日前市场。分别采用系统经济效益、节能减排效益为优化目标，利用 GA-PSO 优化算法进行求解。市场结算方式采用市场出清电价（MCP）方式。在 GA-PSO 求解算法中，初始种群数目为 100，交叉概率设为 0.3，变异概率设为 0.1，PSO 算法中两个学习因子均设为 2，初始惯性权重设为 0.9，算法最大迭代次数为 200，算法停止时的收敛精度为 0.01。

对于节能减排目标，设定火电机组用煤价格为 700 元 / 吨，标准煤耗系数为 0.3194 千克 / 千瓦时，吨煤 SO_x 的排放系数为 18.6/ 吨，NO_x 的排放系数为 16.3/ 吨，SO_x 和 NO_x 的排污费缴纳标准为 0.63 元 / 千克。市场交易结果如图 4-11 所示。不同出清优化目标函数下系统总成本及其构成如表 4-3 所示。

以系统经济效益为单目标时，日前出清优化成本共计 791.71 万元，若以节能减排效益为优化目标时，系统总成本为 849.28 万元，能耗成本增加了 57.58 万元。

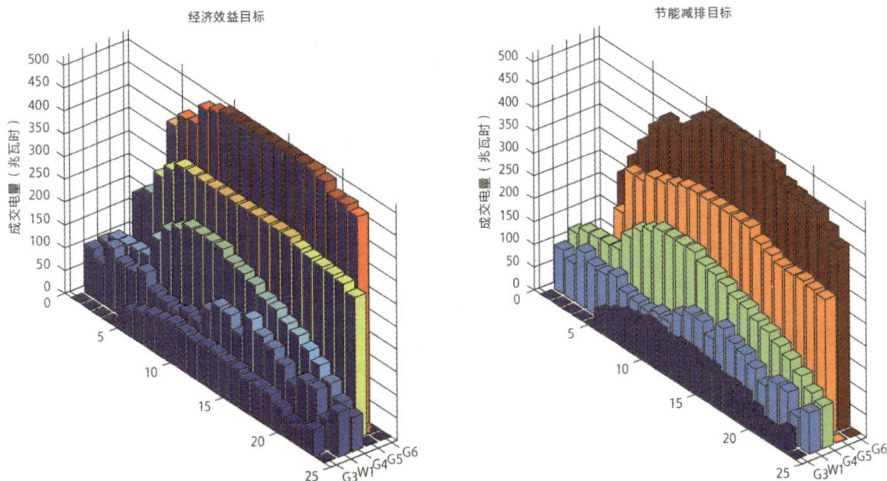

图 4-11　单目标优化市场出清结果

表 4-3　　　　　　　　　　不同优化目标的出清结果　　　　　　　单位：万元

优化目标	购电成本	惩罚成本	煤耗成本	排污成本	合计
系统经济效益	707.73	83.97	—	—	791.71
节能减排效益	—	—	544.18	305.10	849.28

4.5.4.2 多目标出清结果

采用多目标计算日前市场出清结果时，对系统经济效益与节能减排效益进行模糊优选处理，求解算法 GA-PSO 中的初始参数设定与单目标求解保持一致，计算得到基于多目标优化的日前电力出清结果如图 4-12 所示。

算例中节能减排效益的系统总成本为 820.79 万元，与单独考虑经济效益目标 791.71 万元相差 29.08 万元，相差不大，说明本书构建的多目标优化函数能够在保证系统运行经济效益的基础上，实现环境效益最大化，达到节能减排的效果。

计及中长期合约分解与新能源出力不确定性的日前市场出清模型能够在满足系统经济性要求的基础上，保证中长期合约电量物理执行的基础上实现，结合机组特性实现日前市场出清，设计节能减排效益作为其中一个优化

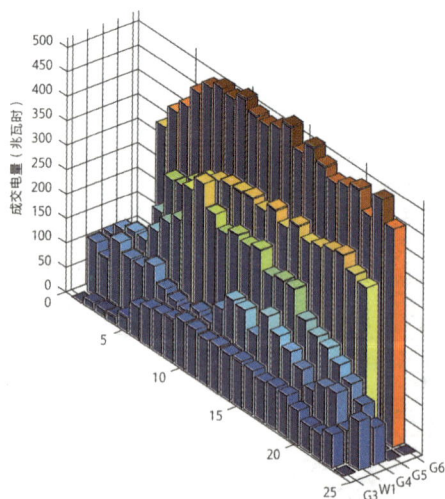

图 4-12　多目标优化市场出清结果

目标，能够更加合理地实现市场资源配置，并且在一定程度上达到促进新能源消纳的目的。

4.5.5 惩罚系数对多目标优化结果的影响

在对比不同惩罚系数对于日前市场出清结果的影响时，考虑本书构建交易模型中的两个目标：系统经济效益目标与节能减排效益，同样采用多目标函数的模糊优选处理方法，设定不同的惩罚系数，不同惩罚系数下系统的失负荷量与弃能量不同，对日前市场最终出清结果的影响也不尽相同。因此在日前市场的出清模型中设置不同的失负荷、弃能惩罚因子，可对系统可靠性要求进行量化并引入至出清模型中，对惩罚成本产生影响并传递至系统经济效益目标中。在本小节算例设置中，分别设置六种惩罚因子组合，如表4-4所示。

利用本书构建的 GA-PSO 优化求解模型对不同惩罚系数下的日前市场出清结果进行计算，得到不同惩罚系数下系统总成本如表4-4所示。弃能惩罚因子一定时，随着失负荷惩罚因子的增加，系统稳定性增强，可靠性增加，但相对应地造成系统弃能量增加，进而系统惩罚成本增加。同时，失负荷惩罚因子的增加对系统可靠性提出了更高的要求，需购买更多备用容量，进一步造成系统购电成本增加。当失负荷惩罚因子固定时，随着弃能惩罚因子增大，新能源（此处指风电）成交电量增加，弃能量减小，但此时系统运行风险增加，市场需配备更多地灵活可调节电源以应对新能源出力波动，进

表 4-4 不同惩罚系数下的出清结果

C_W（元 / 兆瓦时）	500		1000		2000	
C_L（元 / 兆瓦时）	1000	2000	1000	2000	1000	2000
购电成本（万元）	747.22	755.19	749.46	753.53	755.19	766.64
失负荷惩罚成本（万元）	64.99	67.19	65.09	69.69	66.89	70.64
弃能惩罚成本（万元）	5.27	5.52	5.73	5.99	6.26	6.41
煤耗成本（万元）	647.58	654.71	667.92	682.02	691.22	706.20
排污费用（万元）	212.10	214.90	222.47	235.84	237.99	241.58
系统总成本（万元）	828.03	838.33	837.81	851.37	853.56	869.71

一步提升辅助服务市场的活力。

在新能源参与的电力现货市场出清模型中，需设置合理的失负荷、弃能惩罚系数，综合考虑系统负荷约束、弃能量约束，在系统中配置更多的灵活可调节资源以应对新能源出力波动对于电网的冲击。同时在辅助服务市场中购买备用容量与调峰调频等辅助服务的需求进一步明确。

4.5.6 新能源渗透率对多目标优化结果的影响

新能源渗透率是高比例可再生能源渗透背景下重要的灵敏度分析因素。为进一步分析新能源渗透率对现货市场出清的影响，将 IEEE-30 节点系统中接入的风电场装机规模依次设置为 300、500 兆瓦，即在负荷高峰期，风力发电的渗透率分别为 6.52%、10.64%、17.73%，失负荷、弃能惩罚系数仍设为 500 元 / 兆瓦时，将风电出力数据进行等比例换算，基于不同风电场装机规模下系统新能源渗透率对日前市场出清结果进行计算。

不同新能源渗透率下 G1~G6 及 W1 机组的日前市场出清结果如图 4-13 所示。随着新能源渗透率的增加，系统内常规机组的成交电量有所下降，日前市场出清电价下降。分析不同新能源渗透率下日前市场的出清结果，主要

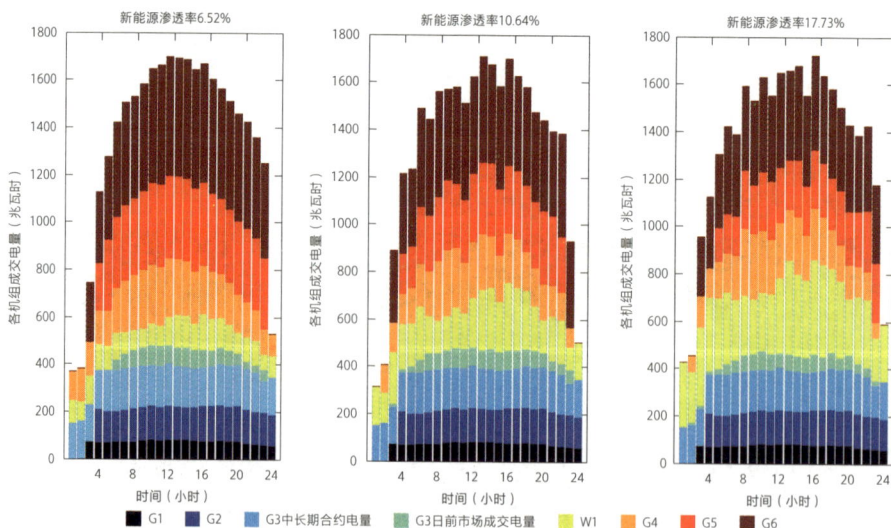

图 4-13　不同新能源渗透率下日前市场出清结果

原因是风电大规模接入挤压了常规机组的发电空间。同时，由于新能源发电的边际成本极低，新能源发电的优序效应对于电价降低有着明显的效果。除此之外，具有波动性、间歇性的新能源渗透率增加，进一步增加了系统的不确定性，造成系统备用容量成本的增加。以上原因共同作用于计及中长期合约电量分解与新能源的日前市场出清交易中，造成日前市场的出清电价与常规机组出清电量的下降。

第5章

计及新能源的现货日前与日内、
日内与实时市场交易优化

对电力现货市场中的日内市场与实时市场，须设计日前市场与日内市场的衔接机制，构建日前市场与模拟日内市场联合出清模型，能够减少实时市场的功率偏差，在日内市场考虑实时新能源发电出力的不确定性，设计日内市场与实时市场联合出清模型。实现不同阶段、不同时间尺度的电力市场衔接路径与出清模型，共同构成多阶段联动的电力现货市场交易体系。

5.1 现货日前、日内与实时市场的组合及关联分析

当前我国现货市场试点地区较多采用日前市场与实时市场结合的市场运行模式，以日前市场确定第二日的交易方案，以实时市场进行不平衡电量调节，保障电力系统安全稳定运行。实时平衡市场是电力现货市场中必不可少的一个市场，大多数成熟的电力市场均设置有日前市场，例如英国电力市场、美国 PJM 市场，但日前市场并不是必需的，例如澳大利亚电力现货市场中并未设置日前市场。本章对电力现货市场的三个不同市场进行简要介绍，并分析不同市场之间的关联性。

日前市场由买卖双方前一日的约定时间之前向电力市场交易中心提供报价，报价阶段持续 4～5 小时。电力交易中心依据双方报价信息、网络条件，在满足安全约束的条件下，计算日前市场的成交电量与出清价格。

日前市场出清结果要求为组织足够的发电容量满足日前市场中投标购电的购买者需求，组织足够的发电容量满足日前市场的预测负荷，组织足够的发电容量满足可靠性约束，为日前市场组织足够的辅助服务，满足双边交易的要求。

在日前市场出清交易后，实时市场开始之前，考虑可靠性因素，可能需要额外的机组组合过程，由安全调度员负责。实时市场是调度运行的核心环境，与实时调度过程具有极强的关联性。实时市场调度以日前市场调度为基础，以负荷预测结果为依据进行发电调度，并且对备用及必发机组预先进行资源配置与实时阻塞管理。以美国 PJM 市场为例，在实时市场中由 ISO 负责发电与负荷的实时平衡、快速机组的启停、设定机组 AGC 的基点功率，以系统实际运行状态计算实时节点边际电价（locational marginal price，LMP），以及对发电计划与日前市场的偏差进行结算。实时市场的交易结算内容与日前市场一致。

在日前市场中没有竞标成功的发电商有机会参与实时平衡市场。发电机组可以依据在日前市场的出清情调整实时市场投标价格，也可保持其在日前市场的投标状态。但已经在日前市场中标的机组，在实时市场中的报价报量信息存在最低约束，不能低于其在日前市场中的启动费用、最小发电容量等

信息。PJM 市场中每 5 分钟进行一次实时市场出清，计算实时市场能量、调频、备用价格以及实时调度安排。为更好地应对系统运行偏差，ISO 市场中的资源可以参与市场外调度，包括在日前与实时市场之间增加余量机组组合和调度员人工调度。北欧电力市场包含日前、日内与实时市场。日前市场为日前市场的延续，持续滚动交易出清直至实时市场开启前。考虑到突发电网事故、设备运行故障等特殊原因，日内市场为市场参与成员提供了一个可调整日前交易计划的机会。

当前，我国八个电力现货市场试点中，蒙西、山东及山西三个试点地区在电力现货市场中设计了日内市场或日内组合衔接机制，其余五个试点地区采用日前市场与实时平衡市场的现货交易模式。由于高比例新能源并网会造成实时市场的不平衡功率增加，超出实时市场的调节能力，实时市场实现系统动态平衡的压力增加，增开日内市场，可充分利用该市场对日前市场的投标策略进行修改，新能源发电商优化竞标电量与价格，传统发电商调整机组出力，重新制定启停计划。

综上所述，考虑到新能源大规模接入对于电力系统与现货市场的影响，我国未来电力市场与电力系统均会发生变化，发电波动性、间歇性与反调峰特性将会进一步影响电力现货市场结构，日内市场逐步发挥更加重要的作用，实时平衡市场中的成交电量将会增加，同时电力现货市场出清电价的波动将会增大。

基于以上分析，本章在日前市场与实时市场中考虑日内市场，以减少系统辅助服务成本、降低用于平衡间歇性、波动性新能源的化石燃料容量、灵活性资源配置与储能成本，更好地发挥市场对资源优化配置的作用，有利于灵活可调节资源更好地发挥自身价值，充分参与市场，获取更优的经济效益与环境效益。

5.2　系统不确定性建模

我国电力系统进一步呈现高比例新能源并网的态势，电力现货市场不确定性增加。考虑到新能源发电功率预测精度会随着预测时间间隔的减小而提升，本章提出一种基于模型预测结果与误差函数表示的超短期新能源出力不确定性模型。

5.2.1 系统不确定性模拟

以风、光为代表的波动性能源与火电有着截然不同的特点，特点包含不确定性与多变性。不确定性表示波动性能源未来发电量的不确定性比其他类型的能源高，预测的需求供给平衡水平需进一步提高；多变性指波动性能源发电量变动较为剧烈，预测难度较高。随着波动性能源占比逐渐增大，其不确定性和多变性会给电力系统带来挑战。

本书采用集中式模式新能源发电预测，新能源在固定时间段的出力由统一集中预测系统进行预测，当前丹麦、美国德州和加州，以及澳大利亚等多个国家和地区均采用该预测模式。预测的相关气象数据与发电机组参数由新能源发电商提供，分别对新能源出力进行超短期、短期预测。超短期预测为未来 2 小时内每 5 分钟的发电功率预测，短期预测为未来 24 小时内每 1 小时的发电功率与发电量预测。为进一步考虑新能源在不同时段的预测值，利用大量新能源出力的历史数据，针对新能源出力预测结果生成多场景概率。

5.2.1.1 新能源出力不确定性

新能源出力受到多种因素的影响，包括气象因素、空间位置因素，预测难度较高，预测精度相对于电力负荷较低，预测误差随机性较强。本章中采用第 3 章构建的 CEEMD-SE-HS-KELM 对新能源出力进行预测，新能源实际出力采用预测结果与随机预测误差之和来表征，具体如下

$$P_{E,t} = \Delta P_{E,t} + P_{E,t}^e \tag{5-1}$$

式中　$P_{E,t}$——在 t 时段新能源机组出力；

　　　$P_{E,t}^e$——在 t 时段新能源机组出力预测误差；

　　　$\Delta P_{E,t}$——在 t 时段新能源机组出力预测值。

新能源预测误差近似服从 $\mu=0$，方差为 $\sigma_{E,t}^2$ 的正态分布，其标准差 $\sigma_{w,t}$ 如下

$$\sigma_{E,t} = 0.2P_{E,t} + 0.02W_E \tag{5-2}$$

式中 W_E——新能源发电场装机容量。

5.2.1.2 负荷不确定性

当前电力负荷预测技术已经较为成熟，预测误差相对新能源出力较小。本书采用与新能源出力刻画模型，但预测误差服从的正态分布函数与风电预测不同。电力负荷的实际值计算方法如下

$$P_{L,t} = \Delta P_{L,t} + P_{L,t}^e \tag{5-3}$$

式中 $P_{L,t}$——在 t 时段的实际负荷；

$\Delta P_{L,t}$——在 t 时段的负荷预测值；

$P_{L,t}^e$——在 t 时段的负荷预测误差。

其中，负荷预测误差的均值为 0，方差 $\sigma_{L,t}$ 如下

$$\sigma_{L,t} = 0.01P_{L,t} \tag{5-4}$$

5.2.1.3 电价不确定性

考虑到未来电力现货市场发展将逐渐趋于规模化与统一性，可能会采取电价集中预测模式，与新能源出力预测和电力负荷预测类似。本书采用在第 3 章中构建的基于组合数据预处理策略与相似日筛选的电价预测模型，得到不同时段内的电价预测结果，而后考虑其预测误差，计算方式如下

$$P_{P,t} = \Delta P_{P,t} + P_{P,t}^e \tag{5-5}$$

式中 $P_{P,t}$——在 t 时段的实际电价；

$\Delta P_{P,t}$——在 t 时段的电价预测值；

$P_{P,t}^e$——在 t 时段的电价预测误差。

其中，电价预测误差的均值为 0，方差 $\sigma_{P,t}$ 的取值设定如下

$$\sigma_{P,t} = 0.015P_{P,t} \tag{5-6}$$

5.2.2 拉丁超立方生成场景集

本书基于系统不确定性建模，采用场景集生成法来具体描述系统不确定性，以提高出清模型对于系统不确定因素的适应能力。场景集生成是基于不确定性因素的概率分布函数，应用随机采用技术生成场景集，用有限的样本

刻画实际的不确定性，当前常用的场景集生成法主要有蒙特卡罗法与拉丁超立方采样法。本书采用拉丁超立方样本采样法，生成电力现货中电力负荷、新能源出力及电价的不确定性，假设在 n 维向量空间里抽取 m 个样本，采样主要分为三个步骤。

步骤 1，将每一维分为互不重叠的 m 个空间，使得每个区间有相等的概率。

步骤 2，在每一维里的每个区间中随机抽取一个点。

步骤 3，再依次从每一维里随机抽取步骤 2 中选取的点，将它们构成向量。

拉丁超立方采样法生成的样本可以更准确地反映概率分布，抽样过程中采用"抽样不替换"的技术，累积分布的分层数目等于执行的迭代次数。

5.2.3 基于改进谱聚类算法的场景削减策略

基于拉丁超立方场景集生成法得到的基础场景规模较大，且随机生成的部分场景集的相似度较高，包含数据噪声，造成模型求解的计算复杂程度高，因此需要对基于拉丁超立方场景集生成法得到的基础场景集进行筛选，剔除不符合不确定变量统计特征的场景，获得具有典型代表意义的场景集。谱聚类方法是处理场景集削减问题的一种方法，通过求解初始场景集全部特征，基于特征值对初始场景集进行 K-medois 聚类，实现在场景集数目为 K 时的最优场景集聚类结果，但谱聚类分析方法存在缺陷，对于噪声包含比例较高的高维场景集削减效果不佳。基于本书构建的系统不确定性模型，不确定影响因素包含新能源出力、电力负荷、电力现货市场电价等多个因素，初始场景集数据噪声占比较高，采用基于过滤噪声场景与距离关联性计算的场景集削减策略，该方法能够更好地适应大规模高维场景削减问题中。场景集的削减策略适用于上文提出的所有系统不确定性因素，以下以新能源出力不确定性模型为例，利用改进谱聚类算法对新能源出力初始场景集进行筛选。

步骤 1，首选对初始场景集之间的欧式距离进行计算。计算方法如下

$$d(s_i, s_j) = \sqrt{\sum_{t=1}^{24} (s_{t,i} - s_{t,j})} \qquad (5-7)$$

式中 d——欧式距离。

步骤 2，基于每个场景集初始数目，将该场景分为核心场景、边界场景与噪声场景三类。具体表示方法如下

$$w_i \begin{cases} 1, \Psi(d \leqslant \varepsilon) \geqslant N_{\min} \\ 0, 0 < \Psi(d \leqslant \varepsilon) < N_{\min} \\ -1, 其他 \end{cases} \tag{5-8}$$

式中 w_i——场景 s_i 所属类别，场景 s_i 为核心场景时，$w_i=1$；场景 s_i 为噪声场景时，$w_i=0$；场景 s_i 为边界场景时，$w_i=-1$；

ε——领域判断区域；

$N_{\min}$——核心场景领域内包含的场景数目；

$\Psi(\cdot)$——满足负荷不确定变量统计特征的场景集数目。

步骤 3，提出 $w_i=0$ 时的场景集，即噪声场景集，计算核心场景集之间的欧氏距离 d，判断场景距离之间的距离 $d(s_i, s_i)$ 是否小于 ε，满足条件的核心场景归为一簇，同时对核心场景领域内的边界场景进行聚类，得到基于距离关联的新场景集。

步骤 4，对步骤 3 得到的场景集 V 进行相似矩阵 B 构造。元素定义如下

$$b_{i,j} = e^{\left(-\dfrac{\|v_i - v_j\|_2^2}{2\sigma^2} \right)} \tag{5-9}$$

式中 σ——高斯核距。

步骤 5，构造度矩阵 D，度矩阵中主对角线上的元素 d_{ii} 为相似性矩阵 B 中的第 i 行元素 $b(i,:)$ 之和，其余元素均为 0。具体表示方法如下

$$d_{ij} = \begin{cases} \sum b(i,:), i = j \\ 0 \qquad\quad , i \neq j \end{cases} \tag{5-10}$$

步骤 6，构造拉普拉斯矩阵 L。具体表示方法如下

$$L = D - B \tag{5-11}$$

对拉普拉斯矩阵 L 进行标准化处理，处理后的矩阵如下

$$L_n = D^{-1/2} L D^{-1/2} \tag{5-12}$$

步骤 7，设定场景集的降维维度为 k_1，聚类数为 k_2，求解标准化后的矩阵 L_n 的所有特征值，搜索到特征值排序（从小到大）位于前 k_1 位的特征

值，及其所对应的特征向量 f，构造特征向量矩阵 F。

步骤 8，以特征向量矩阵 F 的行向量作为新生成的样本，样本数量控制为 N，再利用 k-medoids 聚类将 k_1 维样本聚类为 k_2 类，得到新生成的场景集。

5.3 计及新能源的电力现货市场两阶段交易优化模型

5.3.1 计及新能源的日前与日内市场联合优化模型

5.3.1.1 目标函数

计及新能源的日前与日内市场联合优化模型以系统经济性为目标，系统经济性目标包括购电成本、备用费用和惩罚成本，不仅考虑了购电成本，同时考虑系统可靠性。计及新能源的日内与实时市场联合优化模型的目标具体可表示为：

（1）日前市场费用。日前市场的目标函数可以表示为

$$F_{ahead} = \sum_{t=1}^{T} \left(\sum_{i=1}^{N_{NOR}} p_{s,i,t}^{DA,RES} Q_{s,i,t}^{DA,RES} \delta_{bid,i,t}^{DA} \sum_{i=1}^{N_{RES}} p_{s,i,t}^{DA,RES} Q_{s,i,t}^{DA,RES} \right) \qquad （5\text{-}13）$$

式中　　　　　　T——日前电力现货市场全天时段数，一般以 1 小时为一个时段，$T=24$；

N_{RES}——参与日前 – 日内市场的新能源机组数量；

N_{NOR}——参与日前 – 日内市场的传统能源机组数量；

$p_{s,i,t}^{DA,RES}$，$Q_{s,i,t}^{DA,RES}$——日前市场中新能源机组 i 在 t 时刻的报价与申报电量；

$p_{s,n,t}^{DA,NOR}$，$Q_{s,n,t}^{DA,NOR}$——日前市场中传统能源机组 n 在 t 时刻的报价与申报电量；

$\delta_{bid,i,t}^{DA}$——日前市场中常规发电机 i 组在 t 时段的启停状态，为 [0,1] 整数变量，1 代表开机状态，0 代表停机状态。

（2）日内市场费用。在日内市场中已知日前市场的出清结果，日内市场中的主要目的是对常规发电机组的出力与启停状态进行调整，各个发电机组基于自身实际运行情况，在日内市场中申报机组调整出力，包括相应的调整费用与调整区间，设定机组的上调费用与下调费用不同，且同一类别的费用在不同交易时段的报价也不同，发电商需对调整区间、费用进行单独报价。日内市场的目标函数如下

$$F_{inter} = \sum_{m=1}^{N_m} \sum_{t=1}^{T_m} F_{inter,m,t} \qquad (5\text{-}14)$$

式中　N_m——日内市场数目；

　　　T_m——每个日内市场时段数，以 15 分钟为一个时段，T_m=4；

　　　$F_{inter,m,t}$——每个日内市场的费用。计算方式为

$$F_{inter,m,t} = F_{up,m,t} + F_{down,m,t} \qquad (5\text{-}15)$$

每个日内市场的费用包括常规机组上调费用与下调费用，常规机组上调费用的计算方式如下

$$F_{up,m,t} = \sum_{i=1}^{N_{NOR}^{up}} p_{u,m,t} Q_{m,i,t} \delta_{m,i,t}^{ID} \qquad (5\text{-}16)$$

式中　$p_{u,m,t}$——第 m 个日内市场 t 时段的购电出清电价；

　　　$Q_{m,i,t}$——第 m 个日内市场 t 时段中标电量；

　　　$\delta_{m,i,t}^{ID}$——第 i 台常规发电机组在第 m 个日内市场 t 时段的启停状态，

　　　　　　　为 [0,1] 整数变量，1 代表开机状态，0 代表停机状态。

常规机组下调费用的计算方式如下

$$F_{down,m,t} = \sum_{i=1}^{N_{NOR}^{down}} p_{d,m,t} Q_{m,i,t} \delta_{m,i,t}^{ID} \qquad (5\text{-}17)$$

式中　$p_{d,m,t}$——第 m 个日内市场 t 时段的售电出清电价。

要求购电侧与发电侧的对于申报价格均为正值。

（3）机组启停费用。当火力发电机组作为灵活可调节资源时，需要一定的启停成本来补偿其放弃的一部分利益。不同规模的常规机组的启停成本不同，可依据机组实际情况在日前—日内联合市场中申报机组启停报价，计算公式如下

$$F_{start} = \sum_{i=1}^{N_{NOR}} \sum_{t=1}^{T_m} S_i \delta_{m,i,t}^{ID} (1 - \delta_{m,i,t-1}^{ID})$$ （5-18）

式中　S_i——第 i 台常规发电机组的启动报价。

因此，日前与日内市场联合优化模型的目标函数为

$$\min F_{ahead,inter} = F_{ahead} + F_{inter} + F_{start}$$ （5-19）

5.3.1.2　约束条件

（1）市场功率平衡约束。日前市场各时段内新能源机组与常规机组出力需满足功率平衡约束，计算公式如下

$$\sum_{i=1,n=1}^{I_{RES},N_{NOR}} (Q_{t,i}^{DA} + Q_{t,n}^{DA}) = Q_{d,t}^{f,DA}$$ （5-20）

$$\sum_{i=1,n=1}^{I_{RES},N_{NOR}} (Q_{l,i}^{ID} + Q_{l,n}^{ID}) + \sum_{m=1}^{M_R} Q_{m,l} = \sum_{h=1}^{H} Q_{d,h,l}^{f,ID}$$ （5-21）

式中　$Q_{d,t}^{f,DA}$——t 时段下日前市场负荷预测值；

　　　$Q_{d,h,l}^{f,ID}$——l 时段下日内市场负荷预测值。

（2）报价约束。发电侧与购电侧在报价时需满足上下限约束，具体公式如下

$$0 \leqslant Q_{s,t,i}^{DA} \leqslant Q_{s,t,i}^{DA,\max}$$ （5-22）

$$0 \leqslant Q_{s,n,t}^{DA} \leqslant Q_{s,n,t}^{DA,\max}$$ （5-23）

$$0 \leqslant Q_{d,h,t}^{DA} \leqslant Q_{d,h,t}^{DA,\max}$$ （5-24）

由于日内市场中，规定主体报价不得日前所申报的容量上限。因此，报价约束中仅考虑日前市场的报价约束上限。

（3）机组爬坡约束。具体公式如下

$$u_{n,t} D_n - \chi_{n,t}' \varphi_{shut,n} \leqslant Q_{n,t} - Q_{n,t-1} \leqslant u_{n,t-1} U_n + \chi_{n,t} \varphi_{start,n}$$ （5-25）

$$0 \leqslant \chi_{n,t} + \chi_{n,t}' \leqslant 1$$ （5-26）

式中　　　$Q_{n,t}$——机组 n 在 t 时刻的出力；

　　　　　$u_{n,t-1}$——机组 n 在 t 时刻的启停状态的 0-1 变量；

　　　　　$\chi_{n,t}$——机组 n 在 t 时刻的启动状态的 0-1 变量，1 表示启动；

$\varphi_{start,n}$，$\varphi_{shut,n}$——机组 n 的爬坡 / 停机速率；

$\chi'_{n,t}$——机组 n 在 t 时刻的停机状态的 0-1 变量，1 表示停机。

机组 n 的启停不能同时发生。

（4）系统备用约束。在电力市场运行中，尤其是新能源高比例接入时，需要预留一定的备用容量以保证电网运行的安全。由于日前市场对风电功率的预测发生在实际出力的 24 小时甚至更前，而日内市场的风电预测发生在交易前几小时，误差更小。因此，在本书的日前—日内联合出清优化中，备用约束仅在日内考虑。具体公式如下

$$\sum_{n=1}^{N_{NOR}} u_{n,l}(Q_{n,l}+R_{n,l})+Q_l^{RES} \geq (1+r)D_l \qquad (5\text{-}27)$$

$$u_{n,l}Q_{n,\min} \leq Q_{n,l}+R_{n,l} \leq u_{n,l}Q_{n,\max} \qquad (5\text{-}28)$$

$$0 \leq R_{n,l} \leq Q_n^{up} \qquad (5\text{-}29)$$

式中　$u_{n,l}$——机组 n 在 l 时段的启停状态，为 0-1 变量，1 代表开机，0 表示停机；

$Q_{n,l}$——机组 n 在 l 时段的出力；

$R_{n,l}$——机组 n 在 l 时段的备用出力；

Q_l^{RES}——新能源机组在 l 时段的总出力；

r——系统备用参数；

D_l——系统在 l 时段的总负荷；

Q_n^{up}——机组 n 的爬坡功率。

（5）新能源出力约束。具体公式如下

$$0 \leq R_{n,l} \leq Q_t^{f,RES} \qquad (5\text{-}30)$$

式中　$Q_t^{f,RES}$——t 时段下新能源预测出力。

5.3.2 计及新能源的日内与实时市场联合优化模型

5.3.2.1 目标函数

（1）日内市场。实时市场主要目的是实现功率平衡，保证系统稳定运行。随着新能源并网比例增加，实时市场中的成交电量将会进一步增加。因

此，日内市场与实时市场联合优化模型中，为充分考虑系统调节成本与总体效益，选择以最小化社会成本作为目标函数。计及新能源的日内与实时市场的目标函数可表示为

$$F_{inter-real} = \sum_{t=1}^{T_m} F_{inter} + F_{start} + F_{real} \qquad (5\text{-}31)$$

式中 F_{inter}、F_{start}——计算方式见式（5-13）、式（5-17）；

  F_{real}——实时市场成本。

（2）实时市场。实时市场需增加偏差功率调节与灵活可调节资源，新能源出力与预测出力不同时，系统会产生偏差功率，此时，须利用实时市场进行功率平衡，以保障系统安全稳定运行。基于实时市场偏差功率的系统成本计算方式如下

$$F_{real,dev} = \begin{cases} p_{ru,t} P_{dev,t}, & P_{dev,t} > 0 \\ p_{rd,t} P_{dev,t}, & P_{dev,t} < 0 \end{cases} \qquad (5\text{-}32)$$

当实时市场中偏差功率大于 0 时，新能源机组出力较小，须在实时市场中购买灵活可调节资源作为额外电能来弥补新能源出力预测误差；当偏差功率小于 0，实际出力超出预测值，新能源机组可在实时市场出售电能获得额外收入。

对于新能源发电机组而言，其出力不确定性会降低包括经济与环境效益在内的整体社会效益。在实时市场中需要设定相应的偏差考核，通过相对应的惩罚成本来激励新能源厂商提高预测精度，提高系统整体运行的社会福利。当新能源发电机组的预测值上浮区间过大时，具有零边际成本的新能源将会进一步挤压常规电源的竞价空间，且存在弃能的风险，造成资源浪费；当预测值过低时无法满足用户需求时，针对新能源出力的预测情况，设定相应的惩罚成本。计算方式如下

$$F_w = F_{up} + F_{down} = \sum_{t=1}^{T_m} P_{dev,t} c \qquad (5\text{-}33)$$

$$c = \begin{cases} c_{up} + \omega, & P_{dev,t} > 0 \\ c_{down}, & P_{dev,t} < 0 \end{cases} \qquad (5\text{-}34)$$

式中 c_{up}——新能源机组的实际出力超出预测值时的惩罚系数；

c_{down}——新能源机组的实际出力低于预测值时的惩罚系数；

ω——弃能惩罚系数。

综上所述，实时市场的目标函数如下

$$F_{real}=F_{real,dev} + F_w \qquad (5\text{-}35)$$

5.3.2.2 约束条件

日内与实时市场联合优化模型的约束条件与日前与日内市场基本一致，包括系统平衡约束、报价约束、系统备用约束、新能源出力约束等，具体参考 5.3.1.2 小节。

5.4 电力现货市场两阶段交易优化仿真分析

5.4.1 算例设置

本书仍采用 IEEE-30 标准测试节点系统进行实例分析，风电场于节点 21 接入系统，装机容量为 184 兆瓦，具体机组数据见第 4 章中表 4-3 所示，此处不再赘述。国外成熟的电力现货市场中，实时市场多时段滚动出清，每次出清包含多个时段，但仅采用第一个时段的价格做出清电价，其余时段做参考。我国电力现货市场试点地区也采用类似的方法，以新能源发电量占比较高的蒙西电力现货市场试点为例，蒙西实时市场以日内交易出清的计划运行曲线为基础，依据未来 15 分钟电网超短期负荷预测、新能源超短期预测、设备运行状态等信息，进行实时市场出清优化，每个运行日包含 96 个交易出清时段，以每 4 个小时交易时段系统边际间隔的平均值。

设定日前市场交易时段为 1 小时，共计 24 个交易时段；日内市场在日前市场交易出清结果的基础上，共组织 6 次日内市场交易，每个日内市场共包括 4 个时段，时间尺度为 15 分钟，以日内超短期负荷预测、新能源出力预测、电力需求预测为基准，实现日内发用电计划的滚动优化调整；实时市场每 15 分钟交易一次。当前我国仍采用可再生能源保障性收购策略，因此，本章进行算例分析时，仍与第五章的设定保持一致，认为新能源电价不影响新能源的上网电量，即认为在电力现货市场中，风、光购电价格为边际电价 0，因而新能源电量的购电费用也为 0，在电力现货市场中均采用 MCP 出清的方式。

5.4.2 场景集生成与削减

基于不同交易时段设定，日前市场以 1 小时为间隔进行交易，日前市场的预测分辨率为 1 小时，日内市场与实时市场的预测分辨率为 15 分钟。对于新能源发电而言，新能源出力预测精度会随着时间间隔的缩小提升，因此在进行场景集生成时，认为日前市场中新能源出力预测误差大于日内市场中新能源出力预测误差，日前市场、日内市场与实时市场中电价预测误差同理，设定基于 CEEMD-SE-HS-KELM 预测得到的日内与实时市场中新能源发电功率预测误差为日前市场中预测误差的 50%。由于负荷预测技术的不断提高与负荷自身特性，使短期、超短期负荷预测误差远小于新能源出力预测，因此本章忽略日内与实时市场中的负荷预测误差，将负荷预测值视为实际负荷值，仅对日前市场中电力负荷生成场景集。对于现货市场电价，同样设定基于 RF-IAGIV-CEEMD-SE-LSTM 预测得到的日内与实时市场中价格误差为日前市场误差的 50%。

以北京市某一风电场 2019 年 5 月 1—30 日的风力发电功率数据为例（分辨率为 15 分钟），基于 CEEMD-SE-HS-KELM 对风电功率进行预测，得到 5 月 31 日的日内预测曲线如图 5-1 所示。

基于不同预测时间尺度与上文场景集生成的设定，利用拉丁超立方抽样与改进谱聚类算法的场景削减策略，生成算例所需要的电力负荷场景、新能源出力场景与电力现货市场电价场景集。依据本书构建的场景集生成与削减策略，设定新能源发电功率、负荷与电力现货市场电价的初始场景集生成规模均为 100，生成的负荷场初始景集如图 5-2 所示，生成的新能源出力初始场景集如图 5-3 所示。

采用基于改进谱聚类方法进行场景集削减，其中聚类数取 2，得到削减后的负荷场景与新能源出力场景，同时给出各削减场景的概率统计如表 5-1

所示。

由图 5-2 与图 5-3 所示，生成的场景集是以第四章中构建的模型预测结果为基础，生成场景集刻画误差，因此生成的场景集在波动性、峰谷性等多个特性方面区别较小，削减后的场景变化趋势与原场景保持一致但仍能反映出误差的变化，在保证新能源发电功率、电力负荷与现货电价预测准确性的基础上，描述系统不确定性。本书所采用的场景集生成与削减策略能够有效处理系统不确定性。

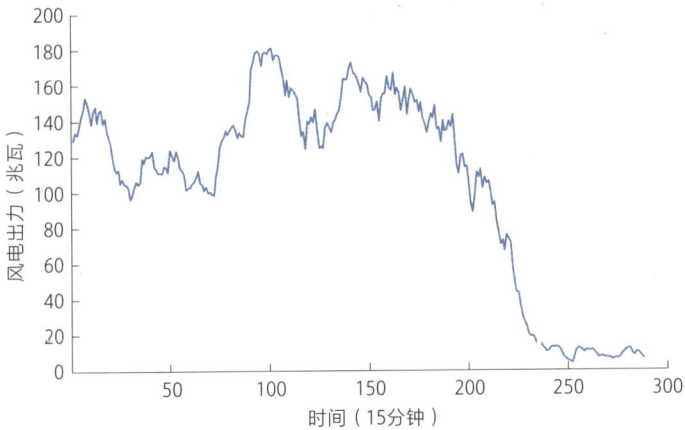

图 5-1 风力发电功率的日内预测曲线

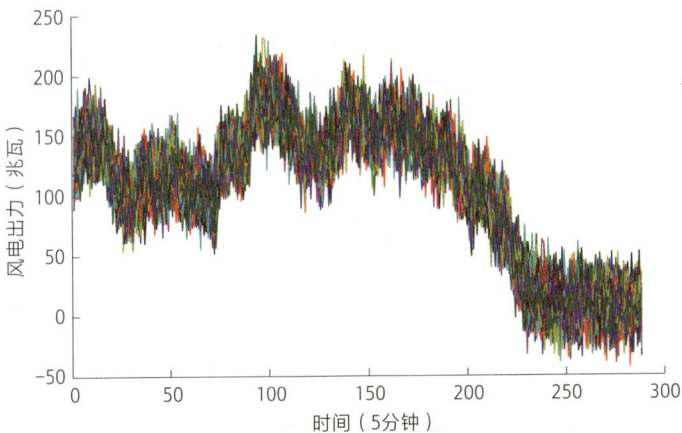

图 5-2 初始新能源发电功率场景集生成

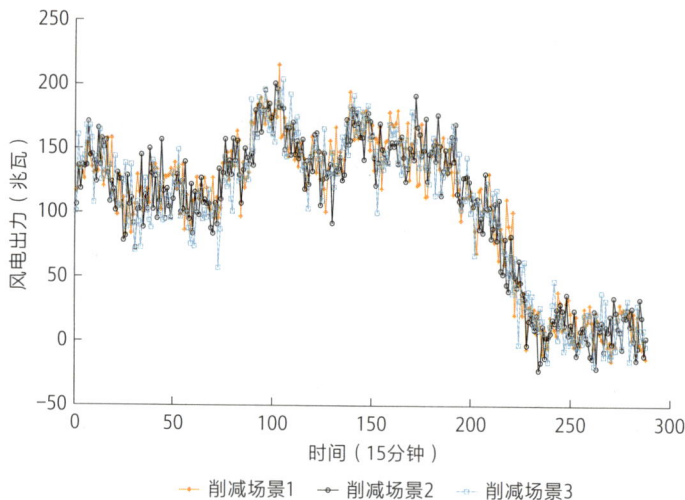

图 5-3　新能源发电功率场景削减结果

表 5-1　　　　　　　　　风电出力日内削减场景发生概率　　　　　　单位：%

削减场景	场景 1	场景 2	场景 3
概率统计	45	32	23

5.4.3 日前与日内市场联合优化出清结果

日前与日内市场、日内与实时市场联合出清优化求解，均属于 NP 难问题，需要采用改进的智能优化算法对模型进行求解，在增强全局搜索范围的基础上提高局部最优解的求解能力。对于本章构建的两阶段交易优化模型，均采用第 5 章中 GA-PSO 算法进行求解，具体求解流程此处不再赘述。

基于新能源发电功率预测模型、电力现货市场电价预测模型，与本章提出的场景集生成与削减策略，得到的新能源出力、电力负荷与现货电价的数据，针对计及系统不确定性的三种组合场景，采用 GA-PSO 算法求解得到日前与日内市场联合优化出清结果如表 5-2 所示。基于表 5-2 中得到的日前市场出清结果，针对不同的情景，在日前市场与日内市场中的购电比例与出清电价会对系统经济性造成影响。日内市场的出清电价相对于日前市场较低，在日前市场购买电量过多，即使再次参与日内市场进行电量出售，仍产

表 5-2

日前市场优化出清结果

时段	G3			G4			G5			G6			W1		
	S1	S2	S3	S1	S2	S3	S1	S2	S3	S1	S2	S3	S1	S2	S3
1	0	0	0	120.14	107.79	99.42	201.48	187.92	177.75	0.00	0.00	213.15	97.63	82.12	77.63
2	0	0	30.57	137.82	122.17	115.21	210.44	188.82	181.40	0.00	218.36	230.91	73.12	60.88	66.19
3	0	0	32.14	140.82	125.82	114.74	218.53	205.94	198.14	248.71	236.64	275.07	65.10	62.63	62.06
4	0	14.55	37.34	142.82	123.34	116.36	240.51	225.10	217.56	297.53	281.60	325.55	73.88	67.96	61.96
5	45.88	41.01	45.86	146.14	135.97	124.85	293.07	276.22	269.69	347.66	333.14	370.65	69.47	55.99	53.03
6	54.81	50.57	58.48	187.82	174.72	163.66	324.94	312.83	303.42	397.73	378.64	479.05	70.66	56.98	56.61
7	66.97	62.71	72.12	216.74	197.07	188.17	344.33	326.94	319.35	497.91	485.88	474.72	87.20	73.54	67.20
8	77.46	72.84	86.42	232.08	213.60	202.95	341.84	329.69	323.50	498.50	479.79	473.81	113.66	89.65	89.78
9	80.94	77.72	88.35	246.81	235.82	224.75	342.24	324.69	314.85	498.85	481.53	470.38	109.92	92.23	86.47
10	89.06	84.35	90.12	247.31	236.89	228.49	343.74	327.48	317.87	498.23	477.74	472.17	89.76	77.58	73.84
11	85.91	80.42	93.41	247.64	228.55	219.19	343.02	323.04	315.89	497.09	478.69	479.89	87.92	77.43	70.87
12	80.14	76.26	89.77	247.62	232.08	222.98	344.13	326.82	316.69	498.95	487.16	470.91	107.88	95.58	87.33
13	84.99	80.06	93.93	233.54	215.11	207.36	341.19	327.87	320.01	497.82	477.74	479.74	94.13	79.57	80.78
14	84.76	81.35	97.40	228.06	214.93	203.40	341.03	325.29	316.73	497.23	486.01	481.58	99.63	83.97	83.03
15	80.82	75.29	88.77	219.42	204.22	195.80	342.61	326.85	318.56	497.84	487.32	478.08	92.93	81.96	75.18
16	79.80	74.32	85.18	205.29	193.33	181.88	344.57	323.99	314.24	497.57	483.69	476.74	89.59	72.84	68.34
17	72.01	66.75	78.53	199.48	189.35	180.45	341.91	322.69	311.98	497.57	482.71	478.53	69.44	60.36	56.03
18	73.09	67.34	80.62	186.24	166.78	158.32	340.14	324.78	315.21	498.24	484.60	474.83	61.05	50.45	43.04
19	70.91	66.56	74.92	177.68	162.35	152.15	342.49	329.66	319.75	498.69	481.05	478.78	27.85	18.48	20.08
20	56.58	51.46	61.32	163.29	152.29	141.25	342.62	325.66	316.12	498.68	485.32	469.00	4.61	8.03	5.48
21	40.21	35.18	39.87	148.84	134.33	127.18	340.00	328.78	321.83	498.07	476.73	475.68	8.03	6.93	6.51
22	40.13	35.91	40.15	128.88	111.39	100.19	341.41	329.09	322.84	498.93	481.03	374.17	9.30	7.98	6.44
23	38.78	33.05	37.79	106.48	91.16	81.46	342.65	324.68	317.85	397.55	379.71	263.62	5.84	8.21	4.89
24	35.14	29.56	34.76	92.12	72.84	64.18	344.90	328.57	320.88	289.21	270.03	214.54	9.75	4.64	0.99

生较高的购电成本。因此，日前市场中常规机组的成交电量下降，而风电成交电量增加。

5.4.4 日内与实时市场联合优化出清结果

不同情景下日内市场与实时市场的联合优化出清结果如表 5-3 所示，表格主要包括日内市场中常规机组出力调整、新能源最大下偏差电量与新能源最大上偏差电量，以及不同情景对应的社会成本。日内市场调整以日前市场为基础，为简化计算，设定日内市场中，新能源出力调整与常规机组调整互相补偿，最终调整功率为 0。在日内市场与实时市场的联合优化中，情景1 至情景 3 的日内市场的社会成本分别为 193.62 万、181.14 万元与 174.90 万元。

表 5-3　　　　　　　　　　　日内市场优化出清结果

日内市场序号	时段	常规机组调整量			新能源高估电量（兆瓦时）			新能源低估电量（兆瓦时）		
		S1	S2	S3	S1	S2	S3	S1	S2	S3
1	1	0	0	0	10.19	7.74	4.27	7.95	6.59	3.01
	2	0	0	0	10.67	6.22	6.21	11.50	6.39	8.11
	3	0	0	−0.12	9.02	6.10	3.59	10.53	9.43	7.44
	4	0	−0.34	−0.20	7.82	6.13	3.77	9.57	7.02	8.09
2	1	0.56	0.56	0.45	9.24	6.63	7.34	9.41	5.10	6.32
	2	1.18	1.07	1.16	10.64	4.89	3.15	8.59	8.48	8.42
	3	0.60	0.56	0.42	8.72	6.11	6.56	11.35	6.53	6.28
	4	0.56	0.53	0.49	10.44	5.15	3.67	8.78	6.41	5.07
3	1	0.59	0.54	0.47	7.90	4.88	4.73	9.31	10.02	4.16
	2	0.53	−0.51	0.48	8.19	5.36	5.74	9.63	4.53	7.48
	3	1.04	0.97	0.91	11.20	8.43	4.01	10.63	3.64	8.08
	4	−1.68	1.53	−2.12	10.65	7.27	6.81	9.15	6.47	8.23

续表

日内市场序号	时段	常规机组调整量			新能源高估电量（兆瓦时）			新能源低估电量（兆瓦时）		
		S1	S2	S3	S1	S2	S3	S1	S2	S3
4	1	0.27	0.27	0.11	10.62	5.73	4.43	11.14	10.13	3.50
	2	0.98	0.90	1.00	11.01	7.73	2.73	7.98	8.62	3.58
	3	−2.34	−2.11	−3.05	11.14	6.01	7.37	10.99	5.68	8.19
	4	0.20	0.20	0.07	11.22	6.26	2.77	10.11	4.59	6.29
5	1	0.67	0.65	0.62	9.12	7.21	4.29	9.23	10.42	5.78
	2	0.75	0.69	0.62	8.66	4.86	4.32	8.05	9.47	6.38
	3	−1.02	−0.94	−1.28	10.57	5.43	5.72	7.57	8.22	8.44
	4	0.95	0.94	0.82	11.28	7.27	3.22	8.96	5.39	7.38
6	1	−0.55	−0.50	−0.83	8.62	5.97	7.27	7.57	9.82	7.98
	2	−0.34	−0.31	−0.56	8.98	6.83	5.52	9.39	5.36	5.85
	3	−0.08	−0.07	−0.28	8.59	8.01	3.87	8.03	9.48	4.38
	4	−0.15	−0.14	−0.11	9.39	5.17	7.49	10.88	6.43	5.16

　　本章基于系统不确定性刻画，利用拉丁超立方生成场景集，而后采用改进谱聚类的场景集削减策略，将初始生成的 100 个场景集削减至具有代表性的三个场景集。三个场景集根据系统不确定性程度进行区分，描述不同不确定等级下对于电力现货市场出清优化结果的影响。本章生成的三个场景中，S1 的综合系统不确定性更高，S1、S2、S3 的系统不确定性依次减弱。在交易电量较多的阶段，随着系统不确定性的增加，日前现货市场的风险增大，导致成交电量减少，购买者更倾向于在日内市场中购买电量。同时随着系统不确定性的增加，现货市场的社会总成本增加，系统经济性进一步降低。

第 6 章
计及碳市场影响的电力现货市场建设路径分析

　　碳市场作为一种基于市场的有效减排政策工具，能够有效降低碳排放量与碳排放强度，对应对气候变化有着重要意义。在电力市场环境下，碳排放权交易市场（以下简称"碳市场"）的建设与实施将对环境效益、电力改革多个进程等方面产生重大影响。本章基于宏观政策对我国当前碳减排压力进行分析，对我国未来碳排放进行预测，辅助决策者制定适宜的能源政策与市场机制。基于实际的碳减排压力，分析我国碳市场实施对电力市场的影响，进一步研究我国碳市场和电力市场耦合机制，对推进电力市场建设和优化资源配置具有重要的现实意义。

6.1 碳排放相关政策梳理

2014 年 11 月 12 日，我国在《中美气候变化联合声明》中首次承诺于 2030 年前后实现碳排放峰值，并尽可能提早实现碳排放达峰。这一承诺标志着到 2030 年，我国碳减排将实现由"相对减排"向"绝对减排"的转型。2015 年 6 月，我国提交的应对气候变化国家自主贡献文件《强化应对气候变化行动——中国国家自主贡献》，进一步明确了我国强化应对气候变化行动目标和相关的政策措施：二氧化碳排放于 2030 年左右达到峰值并争取尽早达峰；单位国内生产总值二氧化碳排放比 2005 年下降 60%～65%，非化石能源占一次能源消费比重达 20% 左右；森林蓄积量比 2005 年增加 45 亿立方米左右。我国还将继续主动适应气候变化，在农业、林业、水资源等重点领域和城市、沿海、生态脆弱地区形成有效抵御气候变化风险的机制和能力，逐步完善预测预警和防灾减灾体系。

本小节首先对我国历年关于"碳达峰、碳中和"目标的政策进行梳理，而后构建基于我国实际国情与宏观政策的碳排放预测模型，分析我国现行政策下的碳排放压力。具体"碳达峰、碳中和"目标政策如表 6-1 所示。

6.2 现行政策下碳排放压力分析

6.2.1 碳排放预测模型

结合当前中国宏观能源发展规划，本书构建一个基于碳排放影响因素分析的碳排放预测模型，采用改进烟花算法（IFWA）优化广义回归神经网络（GRNN），利用 GRNN 较强的非线性映射能力和学习速度，较为准确地预测我国未来碳排放。这对我国实现"碳达峰、碳中和"目标、控制碳排放至关重要。

表6-1   "碳达峰、碳中和"目标相关政策梳理与分析

政策文件	颁布部门	颁布时间	政策分析
国家发展改革委关于印发国家应对气候变化规划（2014—2020年）的通知	国家发展改革委	2014年9月19日	• 我国将在2020年，实现单位GDP二氧化碳排放比2005年下降40%~44% • 结合我国国情，逐步建立我国碳排放交易市场 • 从实施试点示范工程、完善区域应对气候变化政策、健全激励约束机制、强化科技支撑、深化国际交流与合作等方面提出政策措施
关于切实做好全国碳排放权交易市场启动重点工作的通知	国家发展改革委	2016年1月11日	• 确保2017年启动全国碳排放权交易、实施碳排放权交易制度 • 明确了民航、地方主管部门等的工作任务，要求扎实推进各项具体工作，着力提升碳排放权交易市场的基础能力建设
关于印发《全国碳排放权交易市场建设方案（发电行业）》的通知	国家发展改革委	2017年12月18日	• 以发电行业为突破口率先启动全国碳市场覆盖范围，培育市场主体，完善市场监管，逐步扩大市场覆盖范围 • 计划分三阶段稳步推进碳市场建设工作 • 明确了交易主体，交易产品和交易平台等市场要素，以及重点排放单位、监管机构和核查机构等市场主体
《中共中央关于制定国民经济和社会发展第十四个五年规划和二〇三五年远景目标的建议》	中国共产党第十九届中央委员会第五次全体会议	2020年10月29日	• 到2035年，广泛形成绿色生产生活方式，碳排放达峰后稳中有降，生态环境根本好转，美丽中国建设目标基本实现 • "十四五"期间，加快推动绿色低碳发展，支持有条件的地方率先达到碳排放峰值，制定2030年前碳排放达峰行动方案；推进碳排放权市场化交易
《2019—2020年全国碳排放权交易配额总量设定与分配实施方案（发电行业）》《纳入2019—2020年全国碳排放权交易配额管理的重点排放单位名单》	生态环境部	2020年12月30日	• 《配额总量设定》与《分配实施方案》对不同类别机组规定了单位供电（热）量的碳排放限值，即碳排放基准值，2019—2020年发电行业重点排放单位共计2225家 • 《通知》对于加快推进全国碳排放交易市场纳入建设提供了切实的支持

政策文件	颁布部门	颁布时间	政策分析
《碳排放权交易管理办法（试行）》	生态环境部	2020年12月31日	• 加强对温室气体排放的控制和管理，为加快推进全国碳市场建设提供有力的法制保障 • 省级生态环境主管部门应当根据生态环境部制定的碳排放配额总量确定与分配方案，向本行政区域内的重点排放单位分配年度的碳排放配额，以免费分配为主，可以根据国家有关要求适时引入有偿分配 • 碳排放权交易应当通过全国碳排放权交易系统进行，可以采取协议转让、单向竞价或者其他符合规定的方式
《关于统筹和加强应对气候变化与生态环境保护相关工作的指导意见》	生态环境部	2021年1月11日	• 制定2030年前二氧化碳排放达峰行动方案，支持和推动地方、重点行业和领域制定实施达峰行动方案，加快推进全国碳排放权交易市场建设 • 从法律法规、标准体系、环境经济政策、减污降碳协同、适应气候变化与生态保护修复等5个方面，明确了推动法规政策统筹融合的工作任务 • 从统计调查、评价管理、监测体系、监管执法、督察问责等五个方面，明确了推动制度体系统筹融合的工作任务
《关于加快建立健全绿色低碳循环发展经济体系的指导意见》	国务院	2021年2月22日	• 到2025年，产业结构、能源结构、运输结构明显优化，绿色产业比重显著提升，基础设施绿色化水平不断提高，清洁生产水平持续提高，生产生活方式绿色转型成效显著，能源资源配置更加合理、利用效率大幅提高，主要污染物排放总量持续减少，碳排放强度明显降低，生态环境持续改善，市场导向的绿色技术创新体系更加完善，法律法规政策体系更加有效，绿色低碳循环发展的生产体系、流通体系、消费体系初步形成 • 到2035年，绿色发展内生动力显著增强，绿色产业规模迈上新台阶，重点行业、重点产品能源资源利用效率达到国际先进水平，广泛形成绿色生产生活方式，碳排放达峰后稳中有降，生态环境根本好转，美丽中国建设目标基本实现

6.2.1.1 基于 STIRPAT 模型的碳排放影响因素分析

碳排放预测的主要工具包括模型和未来情景分析。模型描述了影响碳排放的经济、社会和技术因素的作用机制，其中包含了表征这些因素的参数。而影响因素设定是对未来经济、社会和技术发展路径的预期，通过赋予模型参数不同数值实现，将参数输入模型，就可以进行碳排放预测。

IPAT 模型是研究能源经济的重要工具之一，也被广泛应用于碳排放预测中，但 IPAT 模型存在自变量对因变量影响等级相同的缺陷。文献 [131] 在传统的 IPAT 模型的基础上提出了 STIRPAT 模型，其标准形式为

$$I = aP^b A^c T^d e \tag{6-1}$$

式中　　　　I——环境影响；

　　　　　　P——人口；

　　　　　　A——富裕度；

　　　　　　T——技术水平；

　　　　　　a——常数项；

b、c、d——待估计的参数；

　　　　　　e——误差项。

该模型是一个具有多个自变量的非线性模型，模型两端分别取对数后得到

$$\ln I = \ln a + b\ln P + c\ln A + d\ln T + \ln e \tag{6-2}$$

以 $\ln I$ 作为因变量，$\ln P$、$\ln A$、$\ln T$ 作为自变量，$\ln a$ 作为常数项，$\ln e$ 作为误差项，对经过处理后的模型进行多元线性拟合。依据弹性系数概念，P、A、T 每发生 1% 的变化，将分别引起 I 发生 b%、c%、d% 的变化。

为了更为准确地预测我国未来碳排放强度和碳排放量的趋势，须对碳排放影响因素进行扩充。因此，本书改进了 STIRPAT 模型，增加对我国宏观因素的考虑，将模型扩展如下

$$CEI = aP^b A^c T^d U^u C^c E^e F^f \tag{6-3}$$

$$TCE = aP^b A^c T^d U^u C^c E^e F^f \tag{6-4}$$

式中　　　　　　CEI——中国碳排放强度，千克 / 元；

　　　　　　　　TCE——中国碳排放总量，百万吨；

P——中国人口数量，亿人；

A——富裕程度，以人均 GDP 表示，万元；

T——技术水平，以能源强度表示，吨标准煤 / 万元；

U——城镇化水平，以城市人口与总人口的比值表示；

C——产业结构，以第三产业与第一产业对 GDP 贡献率的比值表示；

E——能源消费总量，亿吨标准煤；

F——化石燃料消费占比，以煤炭、石油、天然气消费量占能源消费总量的比值表示；

b、c、d、u、c、e、f——弹性系数，表示当 P、A、T、U、C、E、F 每产生 1% 的变化，会引起 b、c、d、u、c、e、f 相应的变化。

6.2.1.2 基于 IFWA-GRNN 的碳排放预测模型

（1）IFWA。烟花算法（IFWA）是受到烟花爆炸启发而提出的一种群体智能算法，成为能够求解复杂优化问题最优解的全局概率搜索方法。IFWA 由爆炸算子、变异算子、映射规则及选择策略四部分组成，选择策略直接影响算法收敛速率与收敛精度。

标准 IFWA 的使用欧式距离度量两个烟花间的距离，如下所示

$$R(x_i) = \sum_{j=1}^{K} d(x_i, x_j) = \sum_{j=1}^{K} \left\| x_j - x_j \right\| \tag{6-5}$$

式中　　K——当前多有个体位置的集合；

$d(x_i, x_j)$——个体（烟花或火花）x_i 与 x_j 的欧式距离；

　$R(x_i)$——个体 x_i 与其他所有个体的距离之和。

个体被选择的概率为 $P(x_i)$，计算公式如下

$$p(x_i) = \frac{R(x_i)}{\sum_{j=1}^{K} R(x_j)} \tag{6-6}$$

以式（6-6）的被选择概率为依据，采用轮盘赌的方式选出 $N–1$ 个下一

代个体。这种选择策略仅以个体的相对位置作为被选择概率，未考虑个体适应度值的优劣，位置临近的个体被选择的概率也近似，很大程度上限制了算法搜索效率。

提出一种改进的 IFWA，令 $f_i, i=1,2,\cdots,n$，表示第 i 朵烟花 x_i 的适应度值，归一化处理后得到转义适应度值为

$$f_i' = 1 - \frac{f_i - f_{\min}}{f_{\max} - f_{\min}} \tag{6-7}$$

依据转义适应度值重新定义火花距离 δ_i 为

$$\delta_i = \min_{j:f_j' > f_i'} d(x_i, x_j) \tag{6-8}$$

转义适应度值为 1 的火花，其距离为

$$\delta_i' = \frac{\delta_i - \delta_{\min}}{\delta_{\max} - \delta_{\min}} \tag{6-9}$$

转义适应度值与其归一化距离的乘积为

$$\gamma_i = f_i' \times \delta' \tag{6-10}$$

按照 γ_i 值从大到小的前 $n(n \geq N-1)$ 朵火花称为峰值火花，其兼顾了适应度值与个体的相对位置，这种方法选出的 $N-1$ 朵峰值火花能够保证各个局部区域内仅有一个最优个体，避免在同一区域内选择多个子代，保证种群多样性。

为增强 IFWA 的全局搜索能力，定义火花 x_l 为探索火花，满足下式

$$x_l = \arg\max_i \sum_{j=1}^{n} d(x_i, x_j) \tag{6-11}$$

探索火花是搜索区域内，位置处于最边缘的一个个体，其爆炸产生的后代会拓展现有搜索区域，扩大种群的搜索范围。

式（6-10）和式（6-11）结合，即为改进选择策略的 IFWA，可以避免选择同一区域内性能相似的火花，保证选中的火花适应度值较低。改进的 IFWA 能够增强算法全局搜索能力，使算法更易跳出局部最优解，具有更优适应度值。

（2）GRNN。

GRNN 具有良好的非线性逼近能力及高度的容错性和鲁棒性，尤其适合曲线拟合的问题，且在样本数据较少时，预测效果也较好。

GRNN 由四层构成，分别为输入层（input layer）、模式层（pattern layer）、加和层（summation layer）和输出层（output layer），其结构如图 6-1 所示。对应网络输入 $X=[x_1,x_2,\cdots,x_n]^T$，输出 $X=[x_1,x_2,\cdots,x_n]^T$

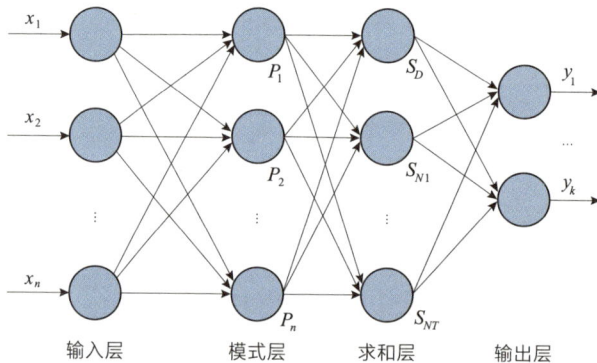

图 6-1　GRNN 模型

模式层神经元数目等于学习样本的数目 n，模式层神经元传递函数为

$$P_i = \exp\left[-\frac{(X-X_i)^T(X-X_i)}{2\sigma^2}\right], i=1,2,\cdots,n \tag{6-12}$$

式中　X——输入变量，$X=[x_1,x_2,\cdots,x_n]^T$；

　　　X_i——第 i 个神经元对应的学习样本。

求和层中使用两种类型神经元求和。第一种计算方法是对所有模式层的神经元进行算术求和，其模式层与各神经元的连接权值为 1，传递函数为

$$S_D = \sum_{i=1}^{n} P_i \tag{6-13}$$

第二种计算方法是对所有模式层的神经元进行加权求和，模式层中第 i

个神经元与加权层中第 j 个分子求和，神经元之间的连接权值为第 i 个输出样本 Y_i 中的第 j 个元素，传递函数为

$$S_{Nj} = \sum_{i=1}^{n} y_{ij} P_i, j = 1, 2, \cdots, k \tag{6-14}$$

输出层的神经元数目等于学习样本中输出向量的维数 k，各神经元将加和层的输出相除，神经元 j 的输出对应估计结果 $\hat{Y}(X)$ 的第 j 个元素，即

$$\hat{Y} = \frac{S_{Nj}}{S_D}, j = 1, 2, \cdots, k \tag{6-15}$$

估计值 $\hat{Y}(X)$ 为所有样本观测值 Y_i 的加权平均，每个观测值 Y_i 的权重因子为相应的样本 X_i 与 X 之间的 Euclid 距离平方的指数。当光滑因子 σ 非常大时，$\hat{Y}(X)$ 近似于所有样本因变量的均值。当光滑因子 σ 趋向于 0 时，$\hat{Y}(X)$ 和训练样本非常接近，当需要预测的点被包含在训练样本集中时，因变量的预测值会和样本中对应的因变量非常接近。当 σ 取值适中时，考虑了所有训练样本的因变量，此时与预测点距离近的样本点对应的因变量权值更大。σ 的取值决定 GRNN 的预测效果，改进烟花算法用来寻找最优 σ 值。

基于上文介绍的 IFWA 和 GRNN，采用改进的 STIRPAT 对碳排放影响因素进行分析，得到碳排放预测模型的输入数据集；引入 IFWA 算法用于优化 GRNN 中的光滑因子以提高模型预测精度，GRNN 用于预测碳排放强度与碳排放量；用相应的误差指标对本书构建的 IFWA-GRNN 碳排放预测模型进行精度检验，对比不同模型的预测精度与预测误差；设定宏观影响因素变化趋势，预测我国未来的碳排放，并给出相应的建议。本书预测碳排放的流程如图 6-2 所示。

6.2.2 碳排放预测效果检验

6.2.2.1 数据集筛选

本书选择人口数量、富裕程度、技术水平、城镇化水平、产业结构、能源消费总量和化石燃料消费占比七个指标作为我国碳排放影响因素。使用的数据是 1990—2018 年相关数据。其中，人口数量、人均 GDP、城镇人口数

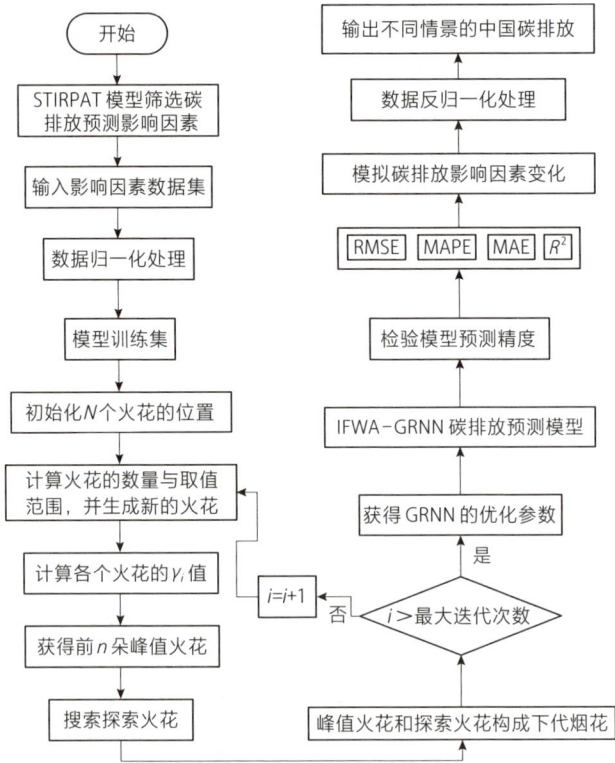

图 6-2　基于 IFWA-GRNN 的碳排放预测流程

据取自《中国统计年鉴》《中国能源统计年鉴》与国家统计局网站，1990—2016 年我国碳排放总量数据来自经济合作与发展组织（OECD），2017—2018 年我国碳排放数据来自《BP 能源统计年鉴 2019》。

由于公布数据不包括碳排放强度，因此计算碳排放强度为

$$CEI_i = TCE_i / GDP_i \qquad (6-16)$$

式中　CEI_i——第 i 年碳排放强度；

TCE_i——第 i 年碳排放总量；

GDP_i——第 i 年的 GDP 总量。

6.2.2.2 预测模型效果检验

选取 1990—2012 年的历史数据作为预测模型的训练集，2013—2018 年的历史数据作为测试集。本书选择逐年预测碳排放强度及碳排放量，并将新一年的影响因素数据及碳排放预测结果添加至模型的训练集中。碳排放影响因素见表 6-2。依次使用 BPNN、SVM 及 IFWA-GRNN 预测 2013—2018 年我国碳排放强度及碳排放量。BPNN 与 SVM 作为对比算法，确定 BPNN 的隐含层神经元数目为 3，传递函数使用 Sigmoid 函数；IFWA-GRNN 输入层神经元数目为影响因素的数目 7，输出层神经元数目为 1，训练次数为 500，精度目标为 0.001。将三种算法依次运行 50 次求得预测结果的平均值，得到 2013—2018 年碳排放强度与碳排放量的预测结果如图 6-3 所示。

图 6-3 中左图为不同模型对于 CEI 的预测结果，右图为 TCE 的预测结果，对碳排放强度与碳排放量的预测效果排序均为 IFWA-GRNN ＞ SVM ＞ BPNN。表 6-3 和图 6-4 为不同模型预测 CEI，TCE 的误差指标，通过多个误差指标的对比，证实 IFWA-GRNN 模型的预测误差最小，预测精度的排序为 IFWA-GRNN ＞ SVM ＞ BPNN。证实本书提出的 IFWA-GRNN，通过优化 GRNN 的参数设置，能够达到更好的预测效果，可用于对碳排放强度及碳排放量进行预测。

表 6-2　　　　　　　　　　　　碳排放影响因素梳理

碳排放影响因素	含义	单位
人口数量	年末人口总量	亿人
富裕程度	人均 GDP	元
技术水平	能源强度，单位 GDP 消耗能源	吨标准煤 / 万元
城镇化水平	城市人口与总人口的比值	%
产业结构	第三产业与第一产业对 GDP 贡献率的比值表示	%
能源消费总量	年末能源消费总量	万吨标准煤
化石燃料消费占比	煤炭、石油、天然气消费量占能源消费总量的比值	%

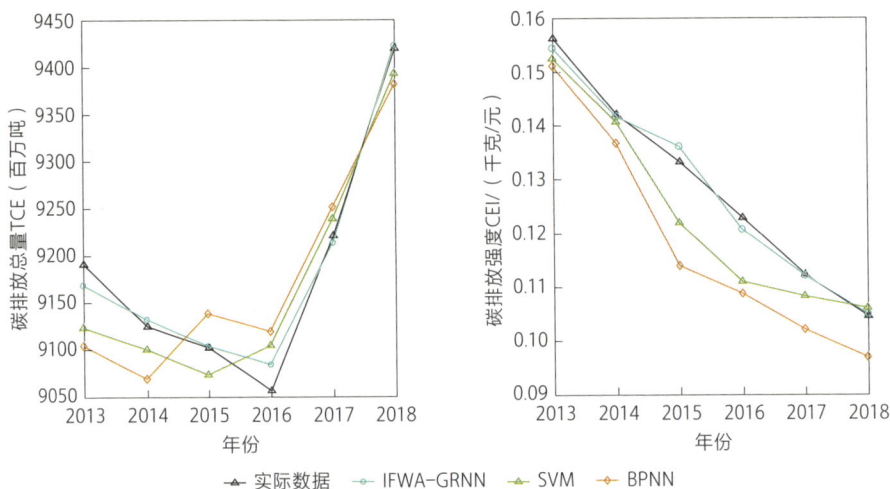

图 6-3　IFWA-GRNN、SVM、BPNN 预测结果对比

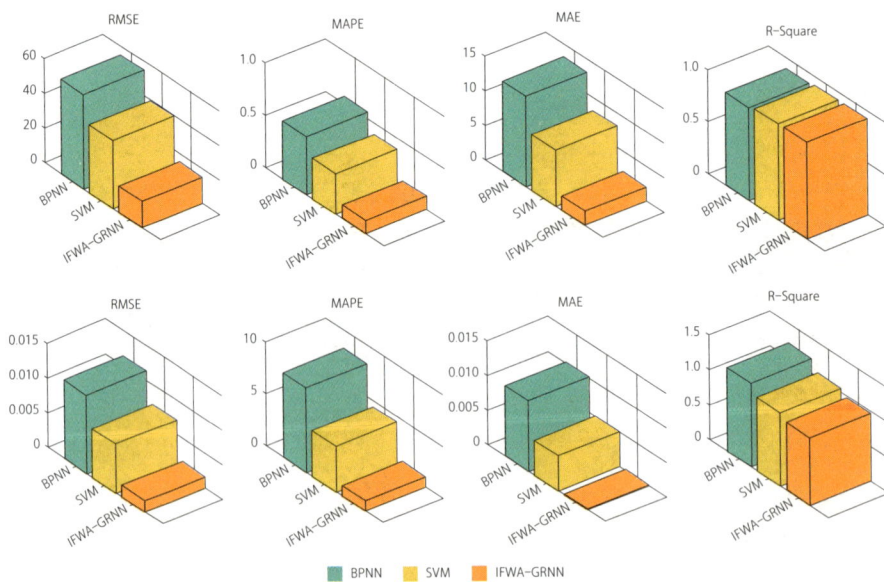

图 6-4　不同模型误差指标计算结果

表 6-3 误差指标计算结果

误差指标	CEI			TCE		
	BPNN	SVM	IFWA-GRNN	BPNN	ELM	IFWA-GRNN
RMSE	54.670	39.259	15.093	0.0114	0.0071	0.0017
MAPE	0.559	0.387	0.126	8.1564	4.3999	0.9796
MAE	13.068	8.077	2.002	0.0102	0.0051	0.0001
R^2	0.891	0.919	0.924	1.1991	1.0509	0.9674

6.2.3 碳排放总量及碳排放强度预测

6.2.3.1 影响因素模拟

结合中国宏观发展规划，判定碳排放影响因素的变化趋势，本书需要确定的宏观指标有人口数量、GDP 总量、城镇化水平、产业结构、能源消费总量及化石燃料消费占比，富裕度指标（人均 GDP）与技术水平（能源强度）。

（1）人口数量。依据最新发布的《联合国人口展望（2019）》，预计到 2031 年，我国人口总量将达到 14.6 亿人。本书关于人口数量指标的设定见表 6-4，以每 5 年为一个时间间隔，五年内人口均匀变化（2031 年人口数量为 14.6 亿）。

（2）GDP 总量。"十三五"规划指出，我国将继续保持经济中高速增长，年增长底线为 6.5%。本书设定 GDP 增速在 2019—2020 年间保持年增长率 6.5%，其后以五年为一个阶段，每阶段 GDP 增速衰减 1%，2036—2040 年变为 2.5%。本书以 1978 年的 GDP 为基准，设当年的 GDP 为 100，以此计算每年的实际 GDP。

表 6-4 中国 2019—2040 年人口数量变化

2017 人口展望	2020 年	2029 年	2035 年	2050 年	2100 年
人口数量（亿人）	14.2	14.4	14.3	13.6	10.2
本书设定	2020 年	2025 年	2030 年	2035 年	2040 年
人口数量（亿人）	14.3	14.4	14.55	14.45	14.2

（3）城镇化水平。"十三五"规划提出到2020年常住人口城镇化率达到60%，《国家新型城镇化规划（2014—2020年）》中提到城镇化的平衡点为75%～80%。2018年，我国城镇化率为59.6%，城镇化将持续推进15～20年。假定我国在2040年达到城镇化平衡状态，2025年城镇化率将稳步提升到65%，2030年将达到70%，2035年将达到75%，2040年将达到80%，2040年之后城镇化率增长为0。

（4）产业结构。本书中的产业结构以第三产业与第一产业对GDP贡献率的比值表示。《2050中国能源和碳排放报告》指出，中国第三产业占比将在2050年接近发达国家水平。本书设定2019—2020年产业结构数值每年增加0.05，2021—2025年每年增加0.03，2026—2030年每年增加0.02，2030—2035年每年增加0.01，2035年以后保持不变。

（5）能源消费总量。《能源发展"十三五"规划》和《能源发展战略行动计划（2014—2020）》均指出，2020年中国能源消费总量控制在50亿吨标准煤以内，"十三五"期间能源消费增速为2.5%左右。"十三五"期间及中长期，我国能源消费增速将进一步放缓，预计在2040年达到能源消费高峰。本书设定2019—2020年，我国能源消费增速为2.5%，2021—2025年为2%，2026—2030年为1.5%，2031—2040年为1%。

（6）化石燃料消费占比。《可再生能源发展"十三五"规划》指出，至2020、2030年，非化石能源占一次能源消费比重分别达到15%、20%。2018年，我国年化石燃料消费占比为85.7%。本书设定2019—2020年化石燃料消费占比每年下降1.5%，2021—2025年间年平均下降1%，2026—2030年为0.75%，2031—2040年为0.5%。

6.2.3.2 碳排放预测结果

2020—2040年，我国碳排放预测结果如表6-5和图6-5所示。我国2020、2030、2040年的碳排放量分别为10098.431百万、12707.425百万、10088.539百万吨；2020、2030、2040年的碳排放强度分别为0.247、0.164、0.109千克/元。我国2005年的碳排放强度为0.446千克/元，2020年碳排放强度下降44.50%，2030碳排放强度下降63.12%。在现行政策情景

表 6-5　　　　2020—2040 年我国碳排放量和碳排放强度预测结果

年份	碳排放总量 TCE（百万吨）	碳排放强度 CEI（千克/元）	中国能否实现碳排放承诺	2030 年碳排放能否达到峰值
2025	12181.110	0.218	—	—
2030	12707.425	0.164	能，实现 CEI 下降 60% 的目标	否，2031 年碳排放达到峰值
2035	12495.863	0.126	—	—
2040	10088.539	0.109	—	—

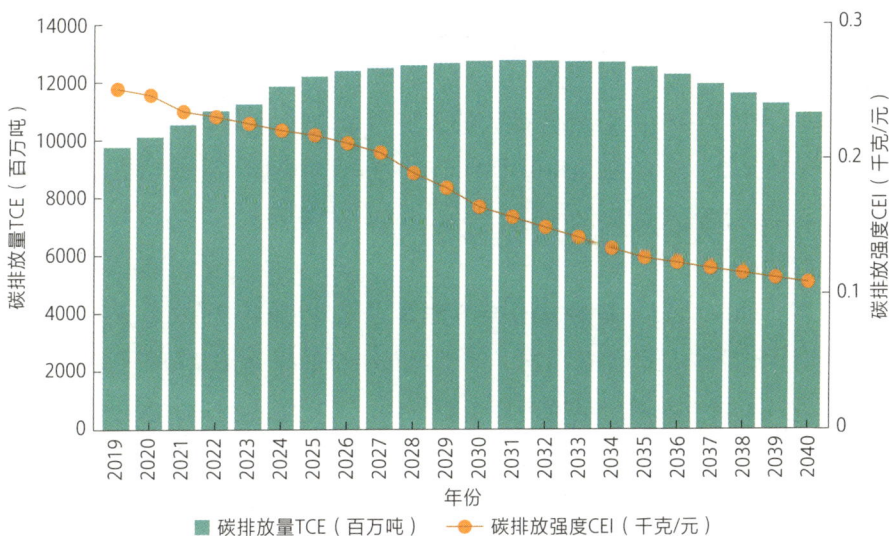

图 6-5　2019—2040 年我国碳排放预测结果

下，我国能够实现 2020 年碳排放强度减少 40%～45% 的目标，2030 年减少 60%～65% 的承诺，但碳排放总量 TCE 无法在 2030 年达到峰值，将继续攀升至 2031 年，自 2032 年起逐年递减。

我国 2030 年的碳排放强度为 0.164 千克／元，比 2005 年下降了 63.12%。我国能够实现 2020 年及 2030 年的碳减排目标，但碳排放总量将持于 2031 年达到碳排放峰值，须采取相应措施减少碳排放总量，积极应对全球变暖。

6.2.4 基于碳排放预测结果的政策建议

第一，我国在达成宏观规划战略目标时，仍须协调政府政策与市场灵活性，发挥政府监管和政策导向作用，敦促出台环境保护、能源绿色发展、财税补贴等政策，严格监管碳排放重点单位；加快建立全国统一的电力市场及统一碳交易市场，进一步发挥市场配置资源作用，积极应对全球气候变化。

第二，从宏观层面来看，经济结构、工业结构和人口结构与碳排放高度相关。我国应坚持绿色发展理念，持续优化经济结构，积极鼓励前景好、带动强和环保型的产业发展。国民（尤其是15～64岁的人口）消费观念、节能减排意识等对碳减排的影响十分重要，应加强普及节能减排知识，制定配套推广政策。

第三，产业结构是影响碳排放的关键因素之一。应坚持绿色发展的理念，鼓励前景好、带动强和环保型的产业发展，对高能耗、高污染的产业加以规划和限制，在不断优化调整产业结构的同时同步改善用能结构，减少一次能源的使用。

第四，能源消费总量和化石燃料消费占比是影响碳排放总量的重要因素。及时优化调整能源消费结构，促进化石能源的绿色开发和高效利用，加大力度发展可再生能源，坚持推行电能替代，实现能源消费的多元化。

第五，大力鼓励节能减排相关的技术进步与创新。二氧化碳捕捉与封存（CCUS）技术是实现化石能源低碳化转型，应对气候变化的关键技术之一。我国应积极出台支持碳捕捉等技术发展的相关政策，实现CCUS技术的快速发展。

6.2.5 碳排放市场建设必要性分析

为实现碳排放承诺，我国大力发展以资源高效利用和环境友好为核心，优化能源消费结构；健全和完善能源政策，包括能源税费政策、能源投资和产业政策与能源消费政策，并提出限额与排放交易计划。为顺利实现碳排放强度目标，我国仍须协调国家政策与市场灵活性，发挥政府监管与政策导向作用。

2007 年发布的能源白皮书《中国的能源状况与政策》开启了我国的能源转型道路。现阶段，我国的能源战略以推动能源发展方式转型为主线，至 2020 年应初步构建并在 2030 年基本形成"安全、绿色、高效"的能源系统。作为关键突破口，电力行业率先启动全国碳排放交易体系，加大碳市场在能源改革中的作用。现有八个试点市场将继续运行，逐步实现从区域碳市场到全国碳市场的过渡。须完善碳交易市场建设立法体系，包括碳交易管理条例、碳排放报告管理办法、核查机构管理办法、碳交易管理办法等。随着市场机制的完善，国家核证的我国自愿减排量（CCER）也明确将逐步被纳入统一碳市场，成为配额市场的补充机制。国家新一轮企业排放数据核查工作依旧按八大行业的标准开展，电力、石化、化工、建材、钢铁、有色、造纸和航空行业将逐渐被纳入统一碳市场。在电力市场改革中融入碳市场、碳交易、配额制和绿色电力证书等，通过绿色电力政策和机制设计，让富集绿色电力的能源市场在资源配置中起决定性作用。

在电力市场环境下，碳市场的实施将对环境效益、电力改革等方面产生重大影响。碳交易作为新电改下可再生能源衍生品交易，是针对我国目前能源供给过分依赖传统化石能源问题、电力供需匹配不平衡问题和绿色能源发展的补贴问题提出的一种解决思路。碳市场作为一种基于市场的减排政策工具，是应对气候变化的一项重大制度创新，由于在成本有效性、环境有效性及政治可行性等方面的优势，近年来，被越来越多的国家和地区应用于各自的减排实践中。

6.3 碳交易实施对电力现货市场的影响分析

6.3.1 碳交易市场现状

我国自 2016 年加入《巴黎气候变化协定》以来，积极采取行动推进绿色低碳发展，在加快转变经济发展方式、调整经济结构，在减缓气候变化、适应气候变化、完善体制机制、加强能力建设、鼓励地方行动、提升公众意识等方面取得了积极进展。2013 年，深圳率先启动了碳交易，中国碳排放权交易试点逐渐增加，共纳入近 3000 家重点排放单位，2016 年，福建省碳市场启动。当前，全国共有 8 个地区在开展碳排放权交易试点工作。截至 2017 年 9 月，试点的碳市场累计配额成交量达到 1.97 亿吨二氧化碳当量，约 45 亿元人民币。2017 年 12 月，国家发展改革委正式启动全国碳排放交易体系，以发电行业为突破口，逐步纳入其他高耗能、高排放行业，扩大市场覆盖范围。截至 2020 年 12 月 31 日，试点碳市场共覆盖电力、钢铁、水泥等 20 余个行业近 3000 家重点排放单位，累计配额成交量约为 4.55 亿吨二氧化碳当量，累计成交额近 105.5 亿元。按照目前设计规模预测，全国碳市场市值可能达到 1500 亿元左右，如考虑到碳期货等衍生品交易额，规模可达 6000 亿元人民币左右。2020 年 12 月 16—18 日召开的中央经济工作会，将做好"碳达峰、碳中和"工作作为 2021 年八大重点任务之一，要求抓紧制定 2030 年前碳排放达峰行动方案，支持有条件的地方率先达峰。

由于各个试点地区的碳市场规则不统一、政府干预程度不同、碳配额价格差异较大等因素，制约全国统一碳交易市场的建设。生态环境部于 2020 年年底审议通过了全新修订的《碳排放权交易管理办法（试行）》，这为新形势下加快推进全国碳市场建设提供了更加有力保障。但全国统一的碳市场建设过程中面临一些问题，比如污染物可能会随着碳排放的地域性转移而发生流动，导致污染物排放扭曲；全国统一碳市场与环境政策可能存在激励不相容问题。虽然碳市场和电力市场之间的交易方式和结算机制等有所区别，但二者都在国家政策的顶层设计之下，通过市场机制促进资源在全国范围内的优化配置，如图 6-6 所示。对化石能源发电企业来说，参与电力市场的同时会造成碳排放，电力交易会影响碳配额交易，并且化石能源发电企业参与电力市场报价的时候需要考虑碳排放的成本。如何实现碳市场与电力市场建设协调推进，可能需要进行审慎的价格机制设计，考虑额外研究出台具有针对性的监管政策。应尽快联合分析各类相关市场交互效应，评估各类监管内容真实成本，避免对某个专一市场的监管造成事与愿违的外部性。

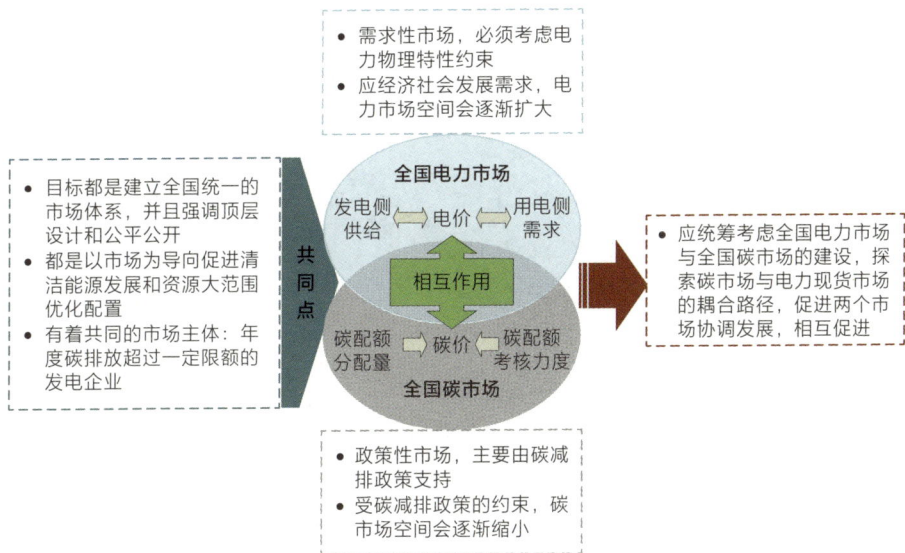

图 6-6　全国电力市场与碳市场的区别与关联

6.3.2　碳交易对电力现货市场的影响分析

我国能源结构的显著特点是富煤、少油、缺气，而电力与热力行业是我国最主要的煤炭消耗行业。能源行业的碳排放量占全国二氧化碳排放的88%左右，而电力行业的排放约占能源行业碳排放量的41%左右，面临着严峻的减排压力。电力行业将在应对气候变化的方案中承担更大的政治责任和社会责任，碳减排政策和碳市场交易机制也将在今后更长时期内影响电力行业长远发展。

在现行政策体制下，碳排放权交易通过量化外部环境成本，影响传统化石能源发电商和清洁能源发电商的供电成本和报价策略，进而对电力现货市场的交易产生影响。在碳交易市场中，传统化石能源发电商的外部环境成本通过碳价内部化，其在参与电力现货市场交易的时候需要考虑综合供电成本。本书基于系统动力学方法，利用因果回路图分析了电力市场和碳市场的交互作用，如图 6-7 所示。

在碳交易市场中，传统能源发电商发电时会排放二氧化碳，产生碳配额需求量；发电商生产的电量越多，对于碳配额的需求量就越大。根据碳排放

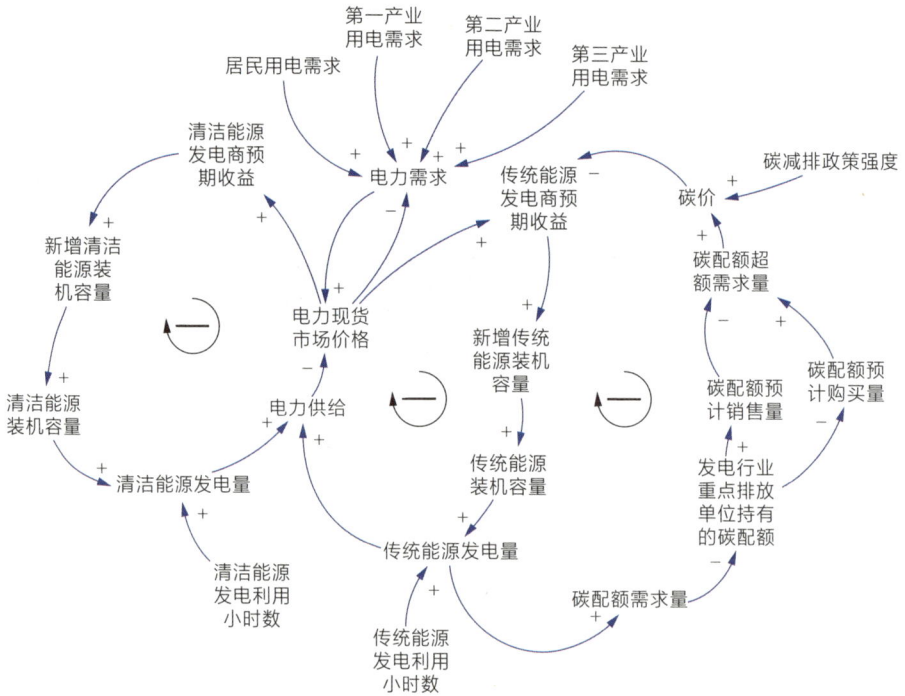

图 6-7　电力市场和碳市场交互作用的因果回路图

权交易配额总量设定与分配实施方案，主管部门核定发电行业重点排放单位的配额数量并汇总确定全国配额总量，免费分配给每个企业。当电量增加而导致碳配额需求增加的时候，传统能源发电商持有的碳配额低于应缴配额，除去企业履约需要的碳配额，其预计能够销售出去的碳配额也会减少。本书设定碳配额超额需求为碳配额预计购买量与碳配额预计销售量的差值，当碳配额需求量增加时，发电厂商间碳配额超额需求会增加，由供求决定的碳价也会随之升高。碳减排政策越完善、执行力度越强，企业违约受到的代价越大，碳价也将会越高。而当碳价升高时，传统能源发电商的碳排放控制成本会增加，进而降低了发电商的预期收益，导致发电商对传统能源装机投资减少，发电量减少，对碳配额的需求也会随之降低。在碳市场中，存在一个负反馈环，使得传统能源发电装机容量最终到达一种稳态。

　　在电力市场中，发电侧参与方可以分为传统能源发电商和清洁能源发电商，电力需求侧主要可分为居民用电和三产用电。清洁能源发电商参与电力现货市场交易时获得的收益主要由电力现货市场的出清价格决定。清洁能源发电商生产电力的过程中不产生碳排放，其在报价时不需要考虑碳交易的成本，所以清洁能源发电商在电力现货市场中具备更强的竞争力，预期收益也更高，能够有效激励清洁能源项目的投资，增加清洁能源的装机容量。清洁能源发电商和传统能源发电商参与电力市场交易过程构成了两个负反馈环；在碳市场交易的影响下，清洁能源和传统能源发电装机容量将不断动态变化，最终能够保证系统的稳定运行。

在电力现货市场中，化石能源发电企业的报价方案需要考虑综合收益。在用电低谷时段，用低电价换取电量，提高负荷率，降低供电排放强度，从而增加配额销售量或减少配额购买量，而售电的损失可以通过碳交易弥补，实现综合收益最大化。碳交易增加了传统能源发电企业的发电成本，并且碳价与电力市场价格之间存在一定的联动。碳价升高会造成传统能源发电成本升高，则传统能源发电商在电力市场的报价将升高；由于传统能源发电商在电力市场中所占比例较高，电力市场的出清价格也会随其报价升高而上升。碳交易会影响电力交易中的电价，电价进一步影响电力需求，电力需求和电力供给在电力市场中通过市场机制的作用，最终达到市场均衡状态，促进电源结构调整和碳减排目标的实现。

6.4 碳交易与电力现货市场的协同建设建议

"碳达峰、碳中和"目标将为风能、太阳能等零碳新能源发电的快速发展提供动力，而新能源发电的规模化发展和市场化消纳又依赖于碳排放市场和电力市场的建设。碳排放配额的核算和分配方法，以及碳配额总量的提高或降低，会通过碳价信号传到发电侧，影响电源结构的组成。碳市场与电力市场相互作用，组合优化是促进电力系统低碳发展的关键。有必要探索电力市场和碳市场的协同发展，统筹考虑全国碳市场建设与电力市场建设，为政策制定和实施提供参考和借鉴。

目前，电力市场和碳市场仍处于试点运行时期，市场建设过程中都还存在一定的问题，一是电力市场建设受电力体制改革不到位、交易机制不完善、市场机制不健全、市场化程度低等影响，我国新能源发电仍然存在一定程度的限电、弃电等消纳难题；二是碳排放权交易市场交易量较低、市场不够活跃，全国碳市场发展路径尚不明确，并且碳市场建设迫切需要加强其他政策机制的协同。

碳交易市场作为一种低成本减排的市场化政策工具，主要功能有激励功能，即激励新能源或清洁能源行业发展，以应对碳减排的正外部性问题；约束功能，即制约高排放的化石能源行业，促进低碳减排技术的发展，解决碳排放的负外部性问题。由于电力行业的生产特性，化石能源发电企业在碳交易市场中占的比例最高。火力发电企业为纯排放单位，清洁能源发电又为纯减排单位，并且不同地区、不同型号发电机组的碳排放基准值又各不相同，例如不同型号的机组供电和供热的碳排放基准值不同、不同机组单位碳排放量的成本不同、不同区域机组负荷率和碳排放政策强度不同等。这些复杂的技术特性和地域差异直接导致了将电力行业全面纳入国家碳排放市场存在诸多的重点及难题。

碳交易要与电力市场交易机制设计相协调。我国电力市场已经形成了以中长期交易为主、现货交易为补充的市场模式。目前，省间、市内中长期电力市场交易机制已经初步建立，促进新能源消纳的省间现货市场机制也在不断完善。在当前电力体制和电力市场机制下，应研究建立碳排放配额分配机制与各区域发电企业电量指标联动机制，区域碳交易市场价格与区域现货市场电价联动机制，在保证碳交易市场价格充分反映市场供需的基础上，使用宏观调控手段。碳交易与电力市场交易的发展路径应既能符合当前我国电力行业发展不均衡的基本国情，又能充分发挥市场的灵活调节作用，以促进新能源在更大范围消纳。

虽然全国碳市场的范围同时覆盖了直接排放和间接排放，但是对于发电行业来说，碳市场试点初期考虑发电侧承担了碳排放成本，却缺乏相关机制允许碳排放的成本向用电侧疏导，引导全社会降低碳排放。根据目前的碳排放核算机制，用电侧间接排放仅与用电量有关，而与电力来源无关，缺乏相应的激励机制鼓励用户支持清洁能源的发展。因此，未来全国碳市场的制度建设和完善，还依赖于电力市场相关机制的设计和数据的支持，能够充分调动发电侧和用户侧降碳减排的积极性；而电力现货市场促进新能源消纳的能力也将与全国碳市场制度的完善密不可分。碳交易与电力市场相互耦合、协同发展将有利于共同推动能源转型，助力"碳达峰、碳中和"目标的实现。

第 7 章

计及新能源的电力现货市场
交易优化管理建议

以新能源参与对电力现货市场的影响分析、考虑新能源参与的电力现货市场预测、计及中长期合约与新能源的日前电力现货市场交易优化、日前市场与日内市场交易联合出清优化分析、计及碳交易影响的与电力现货市场建设路径等研究内容为依托，本章对电力现货市场建设方面存在的问题与不足进行分析。在当前新能源快速发展、电网逐步呈现高比例新能源并网特征的背景下，电力现货市场交易在技术手段、市场机制与政策引导调控等方面存在不足，本章提出配套建议方案，以期促进我国电力现货市场的建设发展与完善。具体对策建议如下。

（1）建议创新新能源发电功率预测模型与预测思路，针对其出力的间歇性、非平稳特征，构建基于 CEEMD-SE-HS-KELM 的发电功率预测模型。

在预测思路创新方面，由于新能源功率时间序列具有较强的随机性与波动性，对其进行预处理能够有效提高新能源发电功率的预测精度。通过数据预处理方法，进行数据筛选、降维，减小数据冗余，或通过信号分解算法得到新能源发电功率的多组稳定分量。CEEMD 能够降低原始数据的波动，同时能够克服 EMD 的模态混叠现象，但 VMD、EEMD、CEEMD 等方法在分解原始功率序列时会得到较多的子序列，增加预测的复杂程度，因此可对数据预处理方法进行创新，在新能源发电功率预测过程中，增加组合数据预处理策略，同时结合改进的机器学习算法，共同构成多步混合新能源发电功率预测模型，涵盖数据预处理阶段、优化阶段和预测阶段。这一预测思路对于新能源发电功率预测效果改善有着借鉴作用，可推广至全国进行实际新能源发电功率的应用。

在预测模型创新方面，建议采用 HS 优化 KELM 模型的参数以克服预测模型自身的缺陷。KELM 具有较高的学习速度，较强的泛化能力，且结合了核学习映射的单隐层前馈神经网络，克服了传统神经网络易陷入局部最优解的缺点。使用 HS 算法对 KELM 模型中的核参数和惩罚系数进行优化，以国内某一风电场为例的实证也验证了预测模型的优越性与普适性。为此，本书建议将此新能源发电功率预测方法进行推广，以降低新能源出力不确定性对电网安全稳定运行的威胁，给予电力现货市场建设的技术性支撑，促进新能源消纳。本书所提出的能源发电功率预测模型同样可应用于电力负荷预测、电力需求预测及发电量预测等多个领域。

（2）建议构建全面的新能源参与对电力现货市场影响分析模型，并基于分析模型构建新能源对电力现货市场的影响分析量化模型，更合理地刻画新能源出力的影响，发挥市场发现价格的积极作用。

基于电力现货市场价格信号的复杂性，构建全面的新能源参与对市场影响的分析模型，分析模型主要由三个模块构成：基于数据统计的相关性分析、基于小波变换与分形理论的相关性分析、基于关键因素提取的相关性分析。证实新能源发电对电价影响高于常规历史数据，且新能源发电量占比、预测误差与新能源与负荷的比值等因素，能够更好地反映现货市场价格的变化机理。利用 RF 这一机器学习的方法，准确描述不同影响因素对电力现货市场电价影响的重要程度，构建 RF-IAGIV 模型作为新能源对电力现货市场电价影响的量化模型，并将其应用于电力现货市场电价预测中，对我国电力现货市场电价预测有着积极的借鉴意义。

（3）建议创新计及新能源的电力现货市场价格预测思路与预测模型，构建基于 RF-IAGIV-CEEMD-SE-LSTM 的电力现货市场价格预测模型。

在预测思路创新方面，电价时间序列与新能源发电功率序列同样具有波动性、非平稳的特征，因此可将新能源发电功率的组合数据预处理策略应用至电力现货市场价格预测中，有效降低数据噪声，提高预测模型输入数据的质量。同时，由于电力现货市场价格受到多个因素影响，为进一步提高预测精度，可采用 RF-IAGIV 这一新能源影响量化模型筛选出现货市场价格预测的历史相似天，进一步提高预测模式输入数据的质量，充分考虑新能源出力对电价的影响。

在预测模型创新方面，当前应用较为广泛的电力现货市场电价预测模型，主要分为基于统计学的预测模型和机器学习预测模型，对能够兼顾电价序列时序性与非线性特征的 LSTM 神经网络模型应用较为少见。相比于传统的预测模型，LSTM 神经网络模型具备较强的鲁棒性与较高的预测精度，预测效果优良，具备一定的参考价值。

（4）建议构建计及中长期合约电力与新能源的日前市场的衔接机制及出清优化模型。

中长期电量交易与新能源参与的现货市场衔接存在多个难题，即合理有效的中长期电量分解模型，确保中长期电量交易结果有效性，这也是衔接中长期电量市场交易计划与现货市场出力计划的关键；准确刻画具有间歇性、波动性的新能源出力不确定性；实现中长期电量交易与新能源参与的日前电力市场的耦合，实现效益最大化；选择高效的求解方法及工具来验证模型的有效性。本书首先构建中长期合同电量分解模型，将分解得到的日电量作为约束引入日前市场的出清模型中，以保证竞价机组调度公平性；针对系统不确定性建模，并在电力现货市场价格模拟中加入新能源渗透率这一影响因素，以更精准地刻画能源参与对于电力现货市场的影响；构建能源参与的日前市场多目标出清模型，利用模糊优选方法对多目标进行转换，较好地平衡不同侧重的利益需求；最后采用基于 GA-PSO 组合优化模型对构建模型进行求解。

（5）建议加强对电力现货市场机制的设计与完善，特别是适用于大规模新能源参与的机制设计，构建考虑日内市场机制设计的电力现货市场出清模型。

在日前市场与实时市场之间增加日内市场，以减少系统辅助服务成本、降低用于平衡间歇性、波动性新能源的化石燃料容量、灵活性资源配置与储能成本，以提高现货市场效率，更好地发挥市场对资源优化配置的作用。日前、日内与实时市场的电力现货市场结构也有利于灵活可调节资源更好地发挥自身价值，充分参与市场，获取更优的经济效益与环境效益。采用基于模型预测结果与误差分布函数结合的不确定性刻画模型，而后构建了基于拉丁超立方采样进行场景集生成法与改进谱聚类分析的场景集削减策略，能够选择出最具代表性的场景集。基于电力现货市场出清流程，将含有新能源较多的系统将引入日内市场，以减小实时市场的功率偏差，提高系统运行的经济性和稳定性，采用预测模型对新能源出力、电力负荷进行预测，结合预测误差分布函数刻画系统不确定性；构建日前市场和模拟日内市场联合出清优化模型，在各个日内市场考虑对应实时市场新能源偏差功率的不确定性、电价不确定性，建立各日内市场和模拟实时市场联合优化模型。

（6）建议创新碳市场建设的必要性分析思路，从基于宏观政策影响与实际数据的双重视角出发，论证碳市场建设的必要性，提出相应的政策建议，呼吁社会各界参与碳市场的建设中。

考虑到中国 2030 年的碳排放强度承诺与碳达峰目标，与 2060 年实现碳中和的远景目标，结合当前我国宏观能源发展规划，本书构建一个基于 STIRPAT 的碳排放影响因素分析的碳排放预测模型，利用 GRNN 模型较强的非线性映射能力和学习速度，较为准确地预测我国未来的碳排放。这对于我国实现"碳达峰、碳中和"目标，控制碳排放至关重要。依据碳排放预测模型的预测结果，从协调宏观战略规划与市场机制灵活性、产业结构优化、能源消费总量与化石燃料消费控制、以 CCUS/CCS 为代表的节能减排技术进步与创新等多个方面提出配套政策建议。本书利用系统动力学模型进行碳交易对电力现货市场的影响分析，SD 模型分析结果证实电力市场价格与碳交易价格呈现正相关关系；最后，基于对于碳交易对电力市场作用机理的分析，提出了碳交易机制与电力现货市场机制协同的建议。

参考文献

[1] Pachauri RK, Allen MR, Barros V, et al. IPCC fifth climate change assessment synthesis report[R]. Geneva: IPCC, 2014.

[2] 杨经纬, 张宁, 王毅, 等. 面向可再生能源消纳的多能源系统: 述评与展望 [J]. 电力系统自动化, 2018, 42(4): 11-24.

[3] 洪翠, 林维明, 温步瀛. 风电场风速及风电功率预测方法研究综述 [J]. 电网与清洁能源, 2011, 27(1): 60-66.

[4] Ren Y, Suganthan PN, Srikanth N. A novel empirical mode decomposition with support vector regression for wind speed forecasting[J]. IEEE Transactions on Neural Networks & Learning Systems, 2016, 27(8): 1793-1798.

[5] Qu H, Huang X, Xu T, et al. The analysis of current implementation mechanism of green power[J]. Advanced Materials Research, 2014, 860-863: 784-790.

[6] 王文举, 陈真玲. 改革开放 40 年能源产业发展的阶段性特征及其战略选择 [J]. 改革, 2018(9): 55-65.

[7] Wang T, Gong Y, Jiang C. A review on promoting share of renewable energy by green-trading mechanisms in power system[J]. Renewable and Sustainable Energy Reviews, 2014, 40: 923-929.

[8] 国务院关于印发"十三五"控制温室气体排放工作方案的通知 [EB/OL]. (2016-11-04) [2020-9-28] http://www.gov.cn/zhengce/content/2016-11-04/content_5128619.htm.

[9] Zhang J, Zheng Y. The flexibility pathways for integrating renewable energy into China's coal dominated power system: The case of Beijing-Tianjin-Hebei region[J]. Journal of Cleaner Production, 2020, 245: 1-12.

[10] Ross T Mewton, Oscar J Cacho. Green power voluntary purchases: Price

elasticity and policy analysis[J]. Energy Policy, 2011, 39: 377-385.

[11] Demirbas A. Electrical power production facilities from green energy sources[J]. Energy sources. Part B, Economics, planning, and policy, 2006, 1: 291-301.

[12] Balat H. Contribution of green energy sources to electrical power production of Turkey: A review[J]. Renewable and Sustainable Energy Reviews, 2008, 12: 1652-1666.

[13] Zhao X, Wang C, Sun J, et al. Research and application based on the swarm intelligence algorithm and artificial intelligence for wind farm decision system[J]. Renewable Energy, 2019, 134: 681-697.

[14] 舒印彪, 张智刚, 郭剑波, 等. 新能源消纳关键因素分析及解决措施研究 [J]. 中国电机工程学报, 2017, 37(1):1-9.

[15] 张雨金, 杨凌帆, 葛双冶, 等. 基于 Kmeans-SVM 的短期光伏发电功率预测 [J]. 电力系统保护与控制, 2018, 46(21): 118-124.

[16] Zhang C, Zhou J, Li C, et al. A compound structure of ELM based on feature selection and parameter optimization using hybrid backtracking search algorithm for wind speed forecasting[J]. Energy Conversion and Management, 2017, 143: 360-376.

[17] Saint-Drenan YM, Good GH, Braun M, et al. Analysis of the uncertainty in the estimates of regional PV power generation evaluated with the upscaling method[J]. Solar Energy, 2016, 135: 536-550.

[18] Liu L, Zhao Y, Chang D, et al. Prediction of short-term PV power output and uncertainty analysis[J]. Applied Energy, 2018, 228: 700-711.

[19] Tasnim S, Rahman A, Oo A, et al. Wind power prediction in new stations based on knowledge of existing Stations: A cluster based multi source domain adaptation approach[J]. Knowledge-Based Systems, 2018, 145: 15-24.

[20] Zhao Y, Ye L, Wang W, et al. Data-driven correction approach to refine power curve of wind farm under wind curtailment[J]. IEEE Transactions on

Sustainable Energy, 2018, 9(1): 95-105.

[21] 国务院 . 关于进一步深化电力体制改革的若干意见 [EB/OL]. (2015-03-31)［2020-10-25］. http://tgs.ndrc.gov.cn/zywj/201601/t20160129_773852.html.

[22] 国家发展改革委 . 关于开展电力现货市场建设试点工作的通知 [EB/OL]. (2017-09-05)［2019-07-10］. http://www.ndrc.gov.cn/gzdt/201709/t20170905_860117.html.

[23] 夏清 , 陈启鑫 , 谢开 , 等 . 中国特色、全国统一的电力市场关键问题研究 (2)：我国跨区跨省电力交易市场的发展途径、交易品种与政策建议 [J]. 电网技术 , 2020, 44(8): 2801-2808.

[24] 马辉 , 陈雨果 , 陈晔 , 等 . 南方 (以广东起步) 电力现货市场机制设计 [J]. 南方电网技术 , 2018, 12(12): 42-48.

[25] 王勇 , 游大宁 , 房光华 , 等 . 山东电力现货市场机制设计与试运行分析 [J]. 中国电力 , 2020, 53(9): 38-46.

[26] 路轶 , 胡晓静 , 孙毅 , 等 . 适应四川高水电占比特色的电力现货市场机制设计与实践 [J/OL]. 电力系统自动化 : 1-9[2021-03-30].http://kns.cnki.net/kcms/detail/32.1180.TP.20201218.1421.004.html.

[27] 王小海 , 齐军 , 侯佑华 , 等 . 内蒙古电网大规模风电并网运行分析和发展思路 [J]. 电力系统自动化 , 2011, 35(22): 90-96.

[28] 戴俊良 , 王鹏 , 吴冰 , 等 . 内蒙古电力多边交易市场方案设计 [J]. 电网技术 , 2010, 34(4): 46-51.

[29] 李平均 , 高政南 , 王海利 , 等 . 促进新能源消纳的蒙西电力市场体系建设思路 [C]// 中国电机工程学会电力市场专业委员会 2018 年学术年会暨全国电力交易机构联盟论坛论文集 , 2018.

[30] 冷媛 , 辜炜德 . 澳大利亚电力金融市场运营机制及对中国电力市场建设的启示 [J/OL]. 中国电力 :1-9[2021-02-23].http://kns.cnki.net/kcms/detail/11.3265.TM.20210120.1748.006.html.

[31] 陈国平 , 梁志峰 , 董昱 . 基于能源转型的中国特色电力市场建设的分析与思考 [J]. 中国电机工程学报 , 2020, 40(2): 369-379.

[32] 姚良忠, 朱凌志, 周明, 等. 高比例可再生能源电力系统的协同优化运行技术展望 [J]. 电力系统自动化, 2017, 41(9): 36-43.

[33] 周明, 武昭原, 贺宜恒, 等. 兼顾中长期交易和风电参与的日前市场出清模型 [J]. 中国科学：信息科学, 2019, 49(8): 1050-1065.

[34] 宋永华, 包铭磊, 丁一, 等. 新电改下我国电力现货市场建设关键要点综述及相关建议 [J]. 中国电机工程学报, 2020, 40(10): 3172-3187.

[35] 曾丹, 谢开, 庞博, 等. 中国特色、全国统一的电力市场关键问题研究(3)：省间省内电力市场协调运行的交易出清模型 [J]. 电网技术, 2020, 44(8): 2809-2819.

[36] 夏博, 杨超, 李冲. 电力系统短期负荷预测方法研究综述 [J]. 电力大数据, 2018, 21(7): 22-28.

[37] Shibata R. Selection of the order of an autoregressive model by akaike information criterion[J]. Biometrika, 1976, 63(1): 117-126.

[38] Hurvich CM, Tsai CL. Regression and time series model selection in small samples[J]. Biometrika, 1989, 76(2): 297-307.

[39] Aho K, Derryberry D, Peterson T. Model selection for ecologists: the worldviews of AIC and BIC[J]. Ecology, 2014, 95(3): 631-636.

[40] Haseyama M, Kitajiman H. An ARMA order selection method with fuzzy reasoning[J]. Signal Process, 2001, 81: 1331-1335.

[41] Bollerslev T. Generalized autoregressive conditional heteroskedasticity[J]. Journal of Econometrics, 1986, 31(3): 307-327.

[42] Kim JM, Dong HK, Jung H. Estimating yield spreads volatility using GARCH-type models[J]. The North American Journal of Economics and Finance, 2021, 57(5): 1-10.

[43] Nelson DB. Conditional heteroskedasticity in asset returns: A new approach Econometrica[J]. Modelling Stock Market Volatility, 1991, 59(2): 347-370.

[44] Engle RF, Bollerslev T. Modelling the persistence of conditional variances[J]. Econometric Reviews, 1986, 5(1): 1-50.

[45] Ding Z, Granger CW, Engle RF, et al. A long memory property of stock

market returns and a new model[J]. Journal of Empirical Finance, 1993,1(1): 83-106.

[46] Zakoian JM. Threshold heteroskedastic models[J]. Journal of Economic Dynamics & Control, 1994, 18(5): 931-955.

[47] Ng E. Measuring and Testing the Impact of News on Volatility[J]. Social Science Electronic Publishing, 1993, 48(5): 1749-1778.

[48] Glosten LR, Jagannathan R, Runkle DE. On the Relation between the Expected Value and the Volatility of the Nominal Excess Return on Stocks[J]. Journal of Finance, 2012, 48(5): 1779-1801.

[49] Zakoian JM. Threshold heteroskedastic models[J]. Journal of Economic Dynamics and Control, 1994, 18(5): 931-955.

[50] Alpaydin E. Introduction to Machine Learning[M]. Massachusetts: The MIT Press, 2004.

[51] Sotiropoulos DN, Tsihrintzis GA. Machine Learning Paradigms[M]. Switzerland: Springer International Publishing, 2015.

[52] Bakay MS, Agbulut U. Electricity production based forecasting of greenhouse gas emissions in Turkey with deep learning, support vector machine and artificial neural network algorithms[J]. Journal of Cleaner Production, 2020, 285: 1-18.

[53] Barman M, Choudhury NBD. A similarity based hybrid GWO-SVM method of power system load forecasting for regional special event days in anomalous load situations in Assam, India[J]. Sustainable Cities and Society, 2020, 61: 1-10.

[54] Suykens JAK, Vandewalle J. Least squares support vector machine classifiers[J]. Neural Processing Letters, 1999, 9(3): 16-59.

[55] Hubel DH, Wiesel TN. Receptive fields, binocular interaction and functional architecture in the cat's visual cortex[J]. Journal of Physiology, 1962, 160(1): 106-154.

[56] Kim Y. Convolutional Neural Networks for Sentence Classification[J].

Eprint Arxiv, 2014, 9: 1746-1751.

[57] Mikolov T, Kombrink S, Burget L, et al. extensions of recurrent neural network language model[C]// Acoustics, Speech and Signal Processing (ICASSP), IEEE, 2011:5528-5531.

[58] Hochreiter S, Schmidhuber J. Long short-term memory[J]. Neural Computation, 1997, 9(8): 1735-1780.

[59] 梅生伟, 郭文涛, 王莹莹, 等. 一类电力系统鲁棒优化问题的博弈模型及应用实例 [J]. 中国电机工程学报, 2013, 33(19): 47-56+20.

[60] Melian B, Verdegay JL. Using fuzzy numbers in network design optimization problems[J]. IEEE Transactions on Fuzzy Systems, 2011, 19(5):797-806.

[61] Li Y. Discussion of "Adaptive robust optimization for the security constrained unit commitment problem" [J]. IEEE Transactions on Power Systems, 2014, 29(2): 996-996.

[62] 冯树民. 交通系统工程 [M]. 北京: 知识产权出版社, 2009.

[63] 李斯, 周任军, 童小娇, 等. 基于盒式集合鲁棒优化的风电并网最大装机容量 [J]. 电网技术, 2011, 35(12): 208-213.

[64] 王金德. 随机规划 [M]. 南京: 南京大学出版社, 1990.

[65] Morlet J. Wave propagation and sampling theory[J]. Geophysics, 1982, 47(2): 222-236.

[66] 林珠, 邢延. 数据挖掘中适用于分类的时序数据特征提取方法 [J]. 计算机系统应用, 2012, 21(10): 224-229.

[67] 陈运迪. 分形理论: 大自然的几何学 [J]. 计算机教育, 2004(7): 39-40.

[68] 姚子麟, 张亮, 邹斌, 等. 含高比例风电的电力市场电价预测 [J]. 电力系统自动化, 2020, 44(12): 49-55.

[69] Huang NE, Shen Z, Long SR, et al. The empirical mode decomposition and the Hilbert spectrum for nonlinear and non-stationary time series analysis[J]. Proceedings A, 1998, 454: 903-995.

[70] Richman JS, Moorman JR. Physiological time-series analysis using

approximate entropy and sample entropy[J]. American Journal of Physiological Heat and Circulatory Physiology, 2000, 278(6): 2039-2049.

[71] Zong WG, Kim JH, Loganathan GV. A new heuristic optimization algorithm: harmony search[J]. Simulation, 2001, 2(2): 60-68.

[72] Huang GB. An insight into extreme learning machines: random neurons, random features and kernels[J]. Cognitive Computation, 2014, 6(3): 376-390.

[73] Hornero R. Optimal parameters study for sample entropy-based atrial fibrillation organization analysis[J]. Comput Methods Programs Biomed, 2010, 99(1): 124-132.

[74] Mitchell T, Buchanan B, Dejong G, et al. 机器学习 [M]. 北京 : 机械工业出版社 , 2003.

[75] Strobl C, Boulesteix AL, Kneib T, et al. Conditional variable importance for random forests[J]. Bmc Bioinformatics, 2008, 9(1): 307-320.

[76] Joelsson SR, Benediktsson JA, Sveinsson JR. Feature selection for morphological feature extraction using random forests[C]// Signal Processing Symposium. IEEE, 2006: 138-141.

[77] 张粒子 , 许传龙 , 贺元康 , 等 . 兼容中长期实物合同的日前市场出清模型 [J/OL]. 电力系统自动化 :1-13[2021-03-20]. http://kns.cnki.net/kcms/detail/32. 1180.TP.20210119.0947.002.html.

[78] Albani A, Ibrahim MZ. Statistical analysis of wind power density based on the weibull and rayleigh models of selected site in Malaysia [J]. Pakistan Journal of Statistics & Operation Research, 2014, 9(4): 393-406.

[79] Pishgar-Komleh SH, Keyhani A, Sefeedpari P. Wind speed and power density analysis based on Weibull and Rayleigh distributions (a case study: Firouzkooh county of Iran)[J]. Renewable & Sustainable Energy Reviews, 2015, 42: 313-322.

[80] Crutcher HL, Baer L. Computations from Elliptical Wind Distribution Statistics[J]. J.appl.meteor, 1962, 1(4): 522-530.

[81] Scerri E, Farrugia R. Wind data evaluation in the Maltese Islands[J]. Renewable Energy, 1996, 7(1): 109-114.

[82] Alavi O, Sedaghat A, Mostafaeipour A. Sensitivity analysis of different wind speed distribution models with actual and truncated wind data: A case study for Kerman, Iran[J]. Energy Conversion & Management, 2016, 120(1): 51-61.

[83] Ma XY, Sun YZ, Fang HL. Scenario generation of wind power based on statistical uncertainty and variability [J]. IEEE Transactions on Sustainable Energy, 2013, 4(4): 894-904.

[84] Abouzahr I, Ramakumar R. An approach to assess the performance of utility-interactive wind electric conversion systems[J]. IEEE Transactions on Energy Conversion, 1991, 6(4): 627-638.

[85] 范宏, 朱佩琳, 柳璐, 等. 考虑风电和光伏出力不确定性的日调度优化方法 [J]. 可再生能源, 2019, 37(6): 886-891.

[86] 康重庆, 夏清, 徐玮. 电力系统不确定性分析 [M]. 北京: 科学出版社, 2011.

[87] 夏惠, 杨秀, 杨帆, 等. 结合 PSO 与序列运算理论的微电网的优化配置 [J]. 电网与清洁能源, 2017, 33(4): 40-47.

[88] 张宁, 康重庆. 风电出力分析中的相依概率性序列运算 [J]. 清华大学学报 (自然科学版), 2012, 52(5): 704-709.

[89] 白利超, 康重庆, 夏清, 等. 不确定性电价分析 [J]. 中国电机工程学报, 2002(5): 37-42.

[90] Sklar A. Fonctions de repartition a n dimensions et leurs marges[M]. Publication de l' Instit de Statistique de l' University de Paris, 1959, 8: 229-231.

[91] 张宁, 康重庆. 相依概率性序列运算的数字特征 [J]. 清华大学学报 (自然科学版), 2012, 52(11): 1559-1564.

[92] 赵嘉玉, 韩肖清, 梁琛, 等. 隶属函数与欧氏距离相结合的配电网优化重构 [J]. 电网技术, 2017, 41(11): 3624-3631.

[93] 邱宜彬，欧阳誉波，徐蓓，等．基于混合藤 Copula 模型的风光联合发电相关性建模及其在无功优化中的应用 [J]. 电网技术，2017, 41(3): 791-798.

[94] 徐以山，曾碧，尹秀文，等．基于改进粒子群算法的 BP 神经网络及其应用 [J]. 计算机工程与应用，2009, 45(35): 233-235.

[95] 苗树敏，罗彬，申建建，等．考虑市场过渡和中长期合约电量分解的水火电短期多目标发电调度 [J]. 电网技术，2018, 42(7): 2221-2231.

[96] Zhang BH, Wu JL, Deng WS, et al. Application of Cost-CVaR model in determining optimal spinning reserve for wind power penetrated system[J]. International Journal of Electrical Power & Energy Systems, 2015, 66: 110-115.

[97] Github. IEGS_parameter [EB/OL]. [2021-02-27]. https://github.com/scugw/Case-Study-Parameter/IEGS_parameter.pdf.

[98] 李海波，鲁宗相，乔颖，等．大规模风电并网的电力系统运行灵活性评估 [J]. 电网技术，2015, 39(6): 1672-1678.

[99] Jiang YW, Chen MS, You S. A unified trading model based on robust optimization for day-ahead and real-time markets with wind power integration[J]. Energies, 2017, 10(4): 554-572.

[100] 艾小猛，塔伊尔江·巴合依，杨立滨，等．基于场景集的含风电电力系统旋转备用优化 [J]. 电网技术，2018, 42(3): 835-841.

[101] 杨俊闯，赵超．K-Means 聚类算法研究综述 [J]. 计算机工程与应用，2019, 55(23): 7-14+63.

[102] 谢娟英，高红超，谢维信．K 近邻优化的密度峰值快速搜索聚类算法 [J]. 中国科学：信息科学，2016, 46(2): 258-280.

[103] 姚志力，王志新．计及风光不确定性的综合能源系统两层级协同优化配置方法 [J]. 电网技术，2020, 44(12): 4521-4531.

[104] Hua B, Schiro D, Zheng T, et al. Pricing in multi-interval real-time markets[J]. IEEE Transactions on Power Systems, 2019, 34(4): 2696-2705.

[105] Specht DF, 1991. A general regression neural network. IEEE Transactions

on Neural Network, 2(6), 568-576.

[106] Leung MT, Chen AS,2000. Forecasting exchange rates using general regression neural networks. Computers Operation Research, 27(4), 1093-1110.

[107] York R, Rosa EA, Dietz T. STIRPAT, IPAT and ImPACT: analytic tools for unpacking the driving forces of environmental impacts[J]. Ecological Economics, 2003, 46(3): 351-365.

[108] Ying T, Zhu Y. Fireworks Algorithm for Optimization[C]// International Conference on Advances in Swarm Intelligence. 2010.

[109] 谭营. 烟花算法引论 [M]. 北京 : 科学出版社 , 2015.

[110] 余冬华 , 郭茂祖 , 刘晓燕 , 等 . 改进选择策略的烟花算法 [J]. 控制与决策 , 2020, 35(2): 389-395.